高等职业教育计算机系列教材
软件行业岗位参考指南与实训丛书

# 软件测试师
# 岗位指导教程

主　编　张　月　吕俊燕
副主编　蔡　洁　夏孝云

南京大学出版社

**图书在版编目(CIP)数据**

软件测试师岗位指导教程/张月,吕俊燕主编. —
南京:南京大学出版社,2020.6
ISBN 978 - 7 - 305 - 23070 - 7

Ⅰ. ①软… Ⅱ. ①张… ②吕… Ⅲ. ①软件-测试-
高等职业教育-教材 Ⅳ. ①TP311.55

中国版本图书馆 CIP 数据核字(2020)第 047126 号

出版发行 南京大学出版社
社 址 南京市汉口路 22 号 邮编 210093
出 版 人 金鑫荣

书 名 **软件测试师岗位指导教程**
主 编 张 月 吕俊燕
责任编辑 吕家慧 编辑热线 025 - 83597482

照 排 南京开卷文化传媒有限公司
印 刷 虎彩印艺股份有限公司
开 本 787×1 092 1/16 印张 8.5 字数 206 千
版 次 2020 年 6 月第 1 版 2020 年 6 月第 1 次印刷
ISBN 978 - 7 - 305 - 23070 - 7
定 价 29.80 元

网 址:http://www.njupco.com
官方微博:http://weibo.com/njupco
官方微信号:NJUyuexue
销售咨询热线:(025)83594756

# 前　言

　　本书面向高等职业教育计算机应用类专业学生,结合企业对软件测试岗位工作的要求,系统地介绍了软件测试基本理论、测试工作过程以及测试方法。本书旨在使高职类计算机专业学生能够在较少的学时内理解与掌握软件测试的基础知识与方法,并对软件测试岗位工作内容有一个基本的认知和实践。

　　本书共分为三大部分,第一部分由第一～四章组成,是软件测试基础理论部分,主要介绍了软件测试的定义、目标、原则和分类,以及白盒测试、黑盒测试等主要的测试技术和相应的测试用例设计方法。第二部分由五～六章组成,介绍了软件测试基本工作过程以及相应工作文档的编写。第三部分由七～九章组成,以实训的形式具体地介绍了软件单元测试、集成测试及系统测试的工作过程,并通过岗位场景的模拟来培养学生在软件测试技术、方法、过程、计划、用例设计与实施等方面的工作实践能力。本书在附件中给出了常用测试文档的参考模板以及实训案例中的部分程序代码。

　　本书建议学时为48～54学时,其中实践部分不少于32学时。本书也可以作为全实践、实训类软件测试课程的参考教材,以本书第三部分的实训内容(三个岗位场景)来进行教学与学习。本书中出现的代码均用Java语言实现,如使用C#语言教学,则只需稍加改动。

　　参与编写本书的人员均为高职院校的一线教学骨干,本书中的实训案例均来自课程教学讲义。本书的编写得到了孔敏副校长的大力支持与帮助,计算机应用教研室许多老师也提出了宝贵的意见和建议,在此表示衷心的感谢!

　　本书在编写过程中,参考和引用了很多专家学者的论著和资料,作者已尽可能在参考文献中列出,谨在此向他们表示感谢。由于水平所限,书中难免存在不足之处,欢迎读者批评指正。

编　者

# 目　录

# 第一章　软件缺陷与软件测试

## 1.1　软件的缺陷

### 1.1.1　软件的定义与特征

从文档的角度可以将软件定义为计算机程序、程序所用的数据以及与开发和维护软件有关的文档资料的集合。

软件具有以下六个特征：

（1）软件不同于通常意义上的有形产品，它是计算机系统中的逻辑实体而不是物理实体，具有抽象性。

（2）软件的生产不同于有形产品，它没有明显的制作过程，一旦开发成功，可以大量拷贝同一内容的副本。

（3）软件在运行过程中不会因为使用时间过长而出现磨损、老化以及用坏问题，却会因硬件和软件的技术发展而出现老化问题。

（4）软件的开发、运行在很大程度上依赖于计算机系统体系结构，往往受特定的计算机系统的限制，因此会出现软件移植问题。

（5）软件开发往往复杂性高，开发周期长，成本较大。

（6）软件开发还涉及诸多的社会因素，反映了一定的社会经济关系。

### 1.1.2　软件的生命周期

软件的生命周期通常是指软件从产生直到废弃的过程，该周期被划分为问题定义、可行性分析、总体描述、系统设计、编码、调试和测试、验收与运行、维护升级直至废弃等多个阶段。

我们通过对软件定义及其特征的描述可以看出软件是一种复杂而抽象的特殊产品。同样，软件的开发过程也常常受到复杂的技术及诸多的社会经济等因素影响，因此，软件的缺陷变得难以避免。

### 1.1.3 软件缺陷的定义

软件缺陷(defect),又被叫作 bug,是计算机软件或程序中存在的某种影响或破坏系统正常运行功能、性能以及安全性等方面的问题或潜在的隐患。缺陷的存在会导致软件产品在某种程度上不能满足用户的需要。

引用电气电子工程师学会标准 IEEE 729—1983 对缺陷的定义:从产品内部看,缺陷是软件产品开发或维护过程中存在的错误、毛病等各种问题;从产品外部看,缺陷是系统所需要实现的某种功能的失效或违背。

对于软件缺陷的判断,只要符合以下五个规则的描述都可以称其为软件缺陷:

(1)软件未达到产品规格说明书标明的功能。

(2)软件出现了产品规格说明书指明不会出现的错误。

(3)软件功能超出产品规格说明书指明范围。

(4)软件未达到产品规格说明书虽未指出但应达到的目标。

(5)软件测试员认为软件难以理解、使用,运行速度缓慢,或者最终用户认为不好。

### 1.1.4 软件缺陷来源的分布

软件开发的复杂性决定了软件缺陷的产生在软件开发过程中是不可避免的。缺陷的来源主要包括以下几个方面:

(1)规格说明书错误。即需求分析工作中的失误所造成的需求不完整、需求不准确、需求经常变更、甚至没有形成产品规格说明书等。

(2)设计错误。即概要设计、详细设计中的缺陷等,如果软件设计不够全面、软件架构不合理、模块设计不合理以及设计经常变更造成在设计过程中产生的软件缺陷等。

(3)编码错误。即算法错误、逻辑错误、计算精度没有达到要求、性能(响应、负载等能力)不满足设计要求等。

(4)测试错误。对某些软件缺陷产生的原因,在测试中被错误地认定,因而未被正确修复。测试设计不够完善,也会导致程序某些功能未被覆盖,其中的错误未被发现。测试部门与开发部门协同不够,对问题互相指责,互不负责等。

软件缺陷的分布情况可以用图 1-1 来表示。

图 1-1　软件缺陷的分布

### 1.1.5 软件缺陷的修复费用

通常情况下随着时间的增长,修复软件缺陷的费用随着开发时间的推移呈现几何数级增长,如图1-2所示,即缺陷发现得越早则修复成本越低。

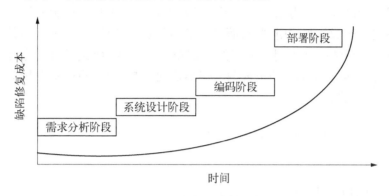

图1-2 修复软件缺陷的费用

## 1.2 软件测试的充分性与经济性

### 1.2.1 软件测试的复杂性

从数据排列组合的知识来说,即使是结构简单、规模很小的软件或者软件产品,其输入数据的组合和逻辑路径也可能是无穷的。举例来说,假设有个计算器软件只是实现两个整数的加法运算功能,从理论上说,就需要枚举出所有的整数组合对其进行测试才能证明软件的正确性,而整数有无穷多个,数据的组合也有无穷多个。对于特定的计算机系统来说,整数是有限的,但其个数极其庞大,因此几乎不可能对这样简单的软件进行完全测试。

虽然我们通常不能够对软件进行完全测试来证明软件的正确性,但是通过有限的测试来发现软件的缺陷却是可行的。实际上,我们只能够通过有限的测试来评估与控制软件的质量。

### 1.2.2 杀虫剂现象

杀虫剂现象的原意是指在对有害昆虫使用杀虫剂时,如果总是使用同样一种农药,害虫最后就有了抵抗力,杀虫剂将不再发挥作用。

在软件测试工作中同样会出现"杀虫剂现象",这会降低测试工作的效率。测试人员在测试工作中往往会受到开发人员的思维影响而逐渐丧失对缺陷的判断能力,尤其是针对同一产品,同一组开发人员和同一组测试人员共同配合了很长时间,很多本来是缺陷的问题,由于测试人员对软件"习惯成自然"的使用而不被当成缺陷,尤其是在开发人员对缺陷的解释和说服下,结果可能导致多轮的测试都不会发现问题,可是这种没有问题却真正地意味着软件开发项目风险的扩大。

为了有效地抑制杀虫剂现象的产生,应当加强测试人员的职业修养,坚持测试的原则;测试人员要培养并坚持自己的怀疑精神,不能轻易相信开发人员似是而非的理论;要学会一切用事实证据说话,没有证据证明的东西不要轻易地相信;测试员应该养成从多角度观察问题的习惯,在使用原先测试用例进行多轮测试之后已经无法测试出软件缺陷时,应学会补充设计新的测试用例,从而发现新的问题。此外,还应加强测试员之间的互动,不能由同一个测试员总是测试相同的测试项目或模块,而是要时常进行测试工作的轮换。这样一方面可以避免之前被遗漏的点尽快地被找出来,也会避免因为太熟悉而忽略某个测试的严格度。

### 1.2.3 软件测试的经济性

**1. 软件测试的成本与缺陷之间的关系**

软件测试工作贯穿于软件项目的整个过程中。显然,测试得越充分,软件的缺陷也越少,发现缺陷的可能性也越小;测试得越充分,也意味着测试工作量的增加,即测试成本的增加,发现缺陷的代价也越来越高。因此需要平衡测试成本与测试工作量之间的关系,如图1-3所示。

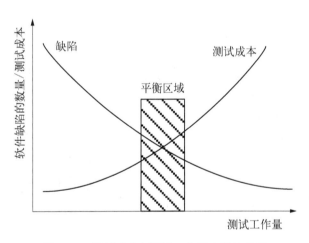

**图1-3  测试成本与测试工作量之间的关系**

图1-3所示的平衡区域表示软件测试人员应根据实际状况(软件项目的经济指标、软件的用途、软件的复杂程度、人员等诸多因素)来计划合理的测试工作量范围。

**2. 软件的用途对测试成本的影响**

系统的目的的差别在很大程度上影响所需要进行的测试的数量。那些可能产生严重后果的系统必须要进行更多的测试;显然,一套用于飞机上的导航系统应该比一个用于公共图书馆中检索资料的系统需要更多的测试;一个用来控制化工处理流程的系统应该比一个与有毒爆炸物品无关的系统有更高的可靠度。一个安全关键软件的开发组比一个游戏软件开发组要有苛刻得多的查找错误方面的要求。

**3. 潜在的用户数量对测试成本的影响**

一个系统的潜在用户数量也在很大程度上影响了测试必要性的程度。这主要是由于用户团体在经济方面的影响。一个在全世界范围内有几千个用户的系统肯定比一个只在办公室中运行的有两三个用户的系统需要更多的测试。如果不能使用的话，前一个系统的经济影响肯定比后一个系统大。除此而外，在分配处理错误的时候，所花的代价的差别也很大。如果在内部系统中发现了一个严重的错误，在处理错误的时候的费用就相对少一些，如果要处理一个遍布全世界的错误就需要花费相当大的财力和精力。

**4. 信息的价值对测试成本的影响**

在考虑测试的必要性时，还需要将系统中所包含的信息的价值考虑在内，一个支持许多家大银行或众多证券交易所的客户机/服务器系统中含有经济价值非常高的内容。很显然这一系统需要比一个支持鞋店的系统进行更多的测试。这两个系统的用户都希望得到高质量、无错误的系统，但是前一种系统的影响比后一种要大得多。因此我们应该从经济方面考虑，投入与经济价值相对应的时间和金钱去进行测试。

**5. 开发机构对测试成本的影响**

一个没有标准和缺少经验的开发机构很可能开发出充满错误的系统。在一个建立了标准和有很多经验的开发机构中开发出来的系统中的错误不会很多，因此，对于不同的开发机构来说，所需要的测试的必要性也就截然不同。然而，那些需要进行大幅度改善的机构反而不大可能认识到自身的弱点。那些需要更加严格的测试过程的机构往往是最不可能进行这一活动的，在许多情况下，机构的管理部门并不能真正地理解开发一个高质量的系统的好处。

## 1.2.4　软件测试的充分性准则

如果对某个软件的测试满足以下八个条件，则可以认为这样的测试是充分的：

（1）空测试对任何软件都是不充分的。

（2）对任何软件都存在有限的充分测试集合。

（3）如果一个软件系统在一个测试数据集合上的测试是充分的，那么再多测试一些数据也应该是充分的。这一特性称为单调性。

（4）即使对软件所有成分都进行了充分的测试，也并不意味着整个软件的测试已经充分了。这一特性称为非复合性。

（5）即使对一个软件系统整体的测试是充分的，也并不意味着软件系统中各个成分都已经充分地得到了测试。这个特性称为非分解性。

（6）软件测试的充分性应该与软件的需求和软件的实现都相关。

（7）软件越复杂，需要的测试数据就越多。这一特性称为复杂性。

（8）测试得越多，进一步测试所能得到的充分性增长就越少。这一特性称为回报递减率。

## 1.3 软件测试工作岗位的职责和素质要求

### 1.3.1 软件测试工作岗位的职责

软件测试工作岗位可由多种角色组成，这些角色可以是软件测试员、软件测试工程师、软件测试组负责人、软件测试项目经理等。尽管可以有许多软件测试工作角色，但共同的目标都只有一个，那就是发现软件的缺陷。具体来说，软件测试岗位的职责通常包括以下几项工作内容：

（1）参与软件的需求分析，制定软件测试计划。

（2）根据软件需求构建测试环境，必要时，还需开发测试工具。

（3）分析软件的系统设计及详细设计，制定系统测试计划及单元测试计划。

（4）设计有效的测试用例。

（5）执行测试，对发现的缺陷进行 bug 验证及管理，并督促开发部门修正测试中发现的缺陷。

（6）记录测试结果，编写测试报告及相应文档。

### 1.3.2 软件测试人员的素质

软件测试人员应具备的基本素质包括：

（1）良好的沟通能力。软件测试工作涉及软件项目工作的各个阶段及环节，测试人员不仅需要与程序员保持良好的沟通，更需要与软件架构者及管理者甚至是客户方进行充分的交流。

（2）对问题的洞察能力。软件测试人员应具有对问题的敏感性，预见性，这有助于在工作中发现隐藏的软件缺陷。

（3）良好的表达能力。测试人员对软件缺陷的描述应准确明了，没有二义性。含糊的表达可能会使缺陷得不到很好的解决。

（4）团队协作能力。和软件工程一样，软件测试同样也是工程，往往需要团队的力量来处理日常事务和突发事件。

软件测试人员的专业素质包括：

（1）对需求的分析和理解能力。对于系统测试，把握需求是第一位的。对产品熟练，能够快速熟悉新的产品需求，良好的需求理解能力显得十分重要。

（2）熟悉多种软件架构及开发方法，并具有编程能力。软件测试人员应具备一定的软件开发经验，了解软件开发过程，这样才可能充分理解软件项目中的设计文档，设计出合理的测试用例。

（3）测试基础理论。明确测试流程中各个阶段的工作，对测试的认知程度，决定了测试流程管理的规范性和测试工作的质量。

（4）测试方案的分析与设计能力和测试用例的设计能力。

## 1.4　对软件测试工作的错误认识

对软件测试工作的认识误区通常包含以下几方面内容：

（1）软件测试是程序测试。

（2）软件开发完成后再进行软件测试。

（3）软件质量发生问题是测试人员的责任，与软件项目组其他人员无关。

（4）软件测试技术要求不高，比编程容易，随便找一个人就可以了。

（5）软件测试跟着开发动，有时间就多测，没时间就少测。

（6）软件测试是测试人员的事，与开发人员无关。

（7）软件测试是没有前途的工作，只有程序员才是软件高手。

（8）软件测试需要执行所有可能的输入。

（9）好的软件测试一定要使用很多种测试工具。

# 第二章　软件测试基础

## 2.1　软件测试的定义

测试的概念长久以来就已广泛地存在于各种不同的领域。工业产品在进入市场前需要进行测试;民用产品在进入超市前需要经过检验;一项新技术的应用,需要经过反复的测试与改进才能成熟。软件作为一种特殊的产品,同样也需要对其进行测试。

### 1. 软件测试的定义

软件测试的定义可以描述为:软件测试是指使用人工或者自动手段来运行某个软件系统的过程,其目的在于检验它是否满足规定的需求或评估预期结果与实际结果之间的差别。

通过以上定义,我们可以了解到:软件测试是一个过程。由于软件的复杂性,这个过程的进行需要一定的技术和方法支持。我们无法通过测试来证明软件的正确与否,但可以通过测试来检验其满足用户需求的程度。

### 2. 软件测试的目的

实际上,对于所有的产品来说,要保证其质量,测试(或检验)是必不可少的关键步骤。关于软件测试的目的,可以概括为以下三点:

(1) 软件测试是为了发现系统中的缺陷,而不是证明软件的正确性;

(2) 软件测试活动的目的在于尽可能发现迄今为止尚未发现的错误;

(3) 软件测试为软件是否满足用户的需求提供依据。

## 2.2　软件测试的原则

通过对软件缺陷来源分布的统计,可以看出软件开发过程中产生的缺陷主要来自软件开发的需求分析阶段和系统设计阶段,因此,除了程序代码外,需求说明文档、系统设计文档、系统模型等都应该成为测试的对象。此外,测试的经济性也是测试工作所应当考虑的问题。总之,软件测试的目标应当是以最少的人力和时间发现尽可能多的软件缺陷,因此,软件测试的进行应遵循以下基本原则:

(1) 所有的软件测试都可以回溯到用户需求;

（2）应当尽早地和不断地进行软件测试；

（3）完全测试是不可能的，只做有限次测试；

（4）测试无法揭示系统所有潜在的缺陷；

（5）充分注意测试中的群集现象，即错误集中的地方，测试应深入；

（6）程序员应避免检查自己的程序；

（7）避免测试的随意性，应从工程的角度理解、组织和计划软件测试。

## 2.3 软件测试的分类

和软件工程一样，软件测试也是一项复杂的系统工程，从不同的观察角度（即工作阶段、目的、技术等）可以对测试有不同的划分方法。对测试进行分类是为了更好地理解测试的目的、过程及手段，尽量做到合理而有效的测试。

### 2.3.1 按软件测试的生命周期分类

软件的生命周期决定了软件测试同样具有生命周期，我们可以将软件测试的执行过程划分为：单元测试、集成测试、确认测试、系统测试、验收测试。

1. 单元测试

单元测试是对软件中的基本组成单位进行的测试，如一个方法或函数、一个模块、一个类或过程等等。它是软件动态测试的最基本的部分，也是最重要的部分之一，其目的是检验软件基本组成单位的正确性。因为单元测试通常需要知道内部程序设计和编码的细节，一般应由程序员而非测试员来完成，往往需要开发测试驱动模块和桩模块来辅助完成单元测试。因此应用系统有一个设计很好的体系结构就显得尤为重要。一个软件单元的正确性是相对于该单元的规约而言的。因此，单元测试以被测试单位的规约为基准。单元测试的主要方法有控制流测试、数据流测试、排错测试、分域测试等等。

2. 集成测试

集成测试是在软件系统集成过程中所进行的测试，其主要目的是检查软件系统中各单位（方法或函数、模块、类、子系统）之间的接口是否正确。它根据集成测试计划，一边将模块或其他软件单位组合成越来越大的系统，一边运行该系统，以分析所组成的系统是否正确，各组成部分是否相互协调。集成测试的策略主要有自顶向下和自底向上两种。

3. 确认测试

确认测试的目的是向未来的用户表明系统能够像预定要求那样工作。经集成测试后，已经按照设计把所有的模块组装成一个完整的软件系统，接口错误也已经基本排除，接着就应该进一步验证软件的有效性，这就是确认测试的任务，即软件的功能和性能如同用户所合理期待的那样。

确认测试又称有效性测试。有效性测试是在模拟的环境下,运用黑盒测试的方法,验证被测软件是否满足需求规格说明书列出的需求。任务是验证软件的功能和性能及其他特性是否与用户的要求一致。对软件的功能和性能要求在软件需求规格说明书中已经明确规定,它包含的信息就是软件确认测试的基础。

### 4. 系统测试

系统测试是将已经确认的软件、硬件、外设、网络等其他元素结合在一起,进行系统的各种组装测试和确认测试,其目的是通过与系统的需求相比较,发现所开发的系统与用户需求不符或矛盾的地方。

系统测试是对已经集成好的软件系统进行彻底的测试,以验证软件系统的性能是否满足需求所指定的要求。检查软件的行为和输出是否正确,并非一项简单的任务,因此,系统测试应该按照测试计划进行,其输入、输出和其他动态运行行为应该与软件规约进行对比。软件系统测试方法很多,主要有功能测试、性能测试、随机测试等等。

### 5. 验收测试

验收测试旨在向软件的购买者展示该软件系统满足其用户的需求。它的测试数据通常是系统测试的测试数据的子集。所不同的是,验收测试常常有软件系统的用户方代表在现场,甚至是在软件安装使用的现场,这是软件在投入使用之前的最后测试。系统用户根据验收测试的结果来决定是否接收系统,它是一项确定产品是否能够满足合同或用户所规定需求的测试。

### 6. 回归测试

回归测试是在软件维护阶段,对软件进行修改之后进行的测试。其目的是检验对软件进行的修改是否正确。这里,修改的正确性有两重含义:一是所做的修改达到了预定目的,如错误得到改正,能够适应新的运行环境等等;二是不影响软件的其他功能的正确性。

## 2.3.2 按测试技术分类

### 1. 白盒测试

白盒测试也称结构测试或逻辑驱动测试,是指基于一个应用代码的内部逻辑知识即基于覆盖全部代码、分支、路径、条件的测试,它是知道产品内部工作过程,可通过测试来检测产品内部动作是否按照规格说明书的规定正常进行,按照程序内部的结构测试程序,检验程序中的每条通路是否都有能按预定要求正确工作,而不顾它的功能,白盒测试的主要方法有逻辑驱动、基路测试等,主要用于软件验证。

"白盒"法全面了解程序内部逻辑结构、对所有逻辑路径进行测试。"白盒"法是穷举路径测试。在使用这一方案时,测试者必须检查程序的内部结构,从检查程序的逻辑着手,得出测试数据。贯穿程序的独立路径数是天文数字。但即使每条路径都测试了仍然可能有错误。第一,穷举路径测试决不能查出程序违反了设计规范,即程序本身是个错误的程序。第二,穷举路径测试不可能查出程序中因遗漏路径而出错。第三,穷举路径测试可能发现不了一些与数据相关的错误。

白盒测试可以借助一些工具来完成如 Junit Framework,Jtest 等。

### 2. 黑盒测试

黑盒测试是指不基于内部设计和代码的任何知识,而基于需求和功能性的测试,黑盒测试也称功能测试或数据驱动测试,它是在已知产品所应具有的功能,通过测试来检测每个功能是否都能正常使用,在测试时,把程序看作一个不能打开的黑盒子,在完全不考虑程序内部结构和内部特性的情况下,测试者在程序接口进行测试,它只检查程序功能是否按照需求规格说明书的规定正常使用,程序是否能适当地接收输入数据而产生正确的输出信息,并且保持外部信息(如数据库或文件)的完整性。黑盒测试方法主要有等价类划分、边值分析、因-果图、错误推测等,主要用于软件确认测试。

"黑盒"法着眼于程序外部结构、不考虑内部逻辑结构、针对软件界面和软件功能进行测试。"黑盒"法是穷举输入测试,只有把所有可能的输入都作为测试情况使用,才能以这种方法查出程序中所有的错误。实际上测试情况有无穷多个,人们不仅要测试所有合法的输入,而且还要对那些不合法但是可能的输入进行测试。

黑盒测试也可以借助一些工具,如 WinRunner,QuickTestPro,Rational Robot 等。

### 3. 灰盒测试

灰盒测试就是结合运用了白盒测试与黑盒测试技术的测试。灰盒测试关注输出对于输入的正确性,同时也关注内部表现,但这种关注不像白盒那样详细、完整,只是通过一些表征性的现象、事件、标志来判断内部的运行状态,有时候输出是正确的,但内部其实已经错误了,这种情况非常多,如果每次都通过白盒测试来操作,效率会很低,因此需要采取这样的一种灰盒的方法。

## 2.3.3 按照软件测试实施主体分类

### 1. Alpha 测试(开发方测试)

Alpha 测试(即 α 测试)是由一个用户在开发环境下进行的测试,也可以是公司内部的用户在模拟实际操作环境下进行的受控测试,Alpha 测试不能由程序员或测试员完成。Alpha 测试发现的错误,可以在测试现场立刻反馈给开发人员,由开发人员及时分析和处理。目的是评价软件产品的功能、可使用性、可靠性、性能和支持。尤其注重产品的界面和特色。Alpha 测试可以从软件产品编码结束之后开始,或在模块(子系统)测试完成后开始,也可以在确认测试过程中产品达到一定的稳定和可靠程度之后再开始。有关的手册(草稿)等应该在 Alpha 测试前准备好。

Alpha 测试的特点:(1)它是在开发环境下进行的(不对外发布);(2)它不需要测试用例评价软件使用质量;(3)用户往往没有相关经验,可以是兼职人员,开发者或测试者坐在用户旁边。

2. Beta 测试(用户方测试)

Beta 测试(即 β 测试)由软件的最终用户们在一个或多个非系统开发场所进行。与 Alpha 测试不同,开发者通常不在 Beta 测试的现场,因 Beta 测试是软件在开发者不能控制的环境中的"真实"应用,用户将测试过程中遇到的一切问题定期地报告给开发者。接收到在 Beta 测试期间报告的问题之后,开发者对软件产品进行必要的修改,并准备向全体客户发布最终的软件产品。

3. 第三方测试(独立测试)

第三方测试有别于开发人员或用户进行的测试,其目的是为了保证测试工作的客观性。从国外的经验来看,测试逐渐由专业的第三方承担。同时第三方测试还可适当兼顾初级监理的功能,其自身具有明显的工程特性,为发展软件工程监理制奠定坚实的基础。

第三方测试工程主要包括需求分析审查、设计审查、代码审查、单元测试、功能测试、性能测试、可恢复性测试、资源消耗测试、并发测试、健壮性测试、安全测试、安装配置测试、可移植性测试、文档测试以及最终的验收测试等。

## 2.3.4 按照测试内容分类

### 1. 功能性测试

1) 安全性测试规定

(1) 目的

是针对软件系统安全性,为防止对程序及数据的非授权的故意或意外访问进行检验的测试工作。其目的在于发现软件系统内部可能存在的各种差错,修改软件错误,提高软件质量。

(2) 实施细则

① 安全性测试的基本步骤

安全性测试活动主要包括:

- 制定安全性测试计划并准备安全性测试用例和安全性测试规程;
- 对照基线化软件和基线化分配需求及软件需求的文档,进行软件安全性测试;
- 用文档记载在安全性测试期间所鉴别出的问题并跟踪直到结束;
- 将安全性测试结果写成文档并用作为确定软件是否满足其需求的基础;
- 提交安全性测试分析报告。

② 安全性测试方法从如下几方面考虑:

- 文件操作权限检测;
- 系统启动和关闭配置检测;
- Crontab 安全检测;
- 用户登录环境检测;
- FTP 服务安全性检测;

- 检测可能的入侵征兆；
- 远程登录安全性检测；
- 非必需的账号安全检测；
- 用户安全检测；
- 系统工具安全性检测。

③ 安全性测试的结果分析

- 软件能力（经过测试所表明的软件能力）；
- 缺陷和限制（说明测试所揭露的软件缺陷和不足，以及可能给软件运行带来的影响）；
- 建议（提出为弥补上述缺陷的建议）；
- 测试结论（说明能否通过）。

2）互操作性测试规定

（1）目的

是针对软件系统同其他指定系统进行交互的能力进行检验的测试工作。其目的在于发现软件系统内部可能存在的各种差错，修改软件错误，提高软件质量。

（2）实施细则

① 互操作性测试的基本步骤

互操作性测试活动主要包括：

- 制定互操作性测试计划并准备互操作性测试用例和互操作性测试规程；
- 对照基线化软件和基线化分配需求及软件需求的文档，进行软件互操作性测试；
- 用文档记载在互操作性测试期间所鉴别出的问题并跟踪直到结束；
- 将互操作性测试结果写成文档并用作为确定软件是否满足其需求的基础；
- 提交互操作性测试分析报告。

② 互操作性测试方法

- 根据软件需求设计需交互的系统的列表，然后分别搭建相应的测试环境；
- 测试本系统对需交互的某个系统的操作能力；
- 测试需交互的某个系统对本系统的操作能力。

③ 互操作性测试的结果分析

- 软件能力（经过测试所表明的软件能力）；
- 缺陷和限制（说明测试所揭露的软件缺陷和不足，以及可能给软件运行带来的影响）。

3）适合性测试规定

（1）目的

是针对软件系统与规定任务能否提供一组功能以及这组功能的适合程度进行检验的测试工作。其目的在于发现软件系统内部可能存在的各种差错，修改软件错误，提高软件适合程度。

（2）实施细则

① 适合性测试的基本步骤

适合性测试活动主要包括：

- 制定适合性测试计划并准备适合性测试用例和适合性测试规程；

- 对照基线化软件和基线化分配需求及软件需求的文档,进行软件适合性测试;
- 用文档记载在适合性测试期间所鉴别出的问题并跟踪直到结束;
- 将适合性测试结果写成文档并用作为确定软件是否满足其需求的基础;
- 提交适合性测试分析报告。

② 适合性测试方法

- 根据需求设计任务列表,然后分别提供相应的一组功能;
- 测试对规定任务能否提供这样一组满足要求的功能;
- 测试这组功能对规定任务的适合程度。

③ 适合性测试的结果分析

- 软件能力;
- 缺陷和限制;
- 建议;
- 测试结论。

4) 依从性测试规定

(1) 目的

是针对使软件遵循有关的标准、约定、法规及类似规定的软件属性进行检验的测试工作。

(2) 实施细则

① 依从性测试的基本步骤

依从性测试活动主要包括:

- 制定依从性测试计划并准备依从性测试用例和依从性测试规程;
- 对照基线化软件和基线化分配需求及软件需求的文档,进行软件依从性测试;
- 用文档记载在依从性测试期间所鉴别出的问题并跟踪直到结束;
- 将依从性测试结果写成文档并用作为确定软件是否满足其需求的基础;
- 提交依从性测试分析报告。

② 依从性测试方法

根据软件需求设计列出软件需遵循的标准、约定、法规及类似规定的列表,然后对此分别测试软件的依从性。

③ 依从性测试的结果分析

- 软件能力;
- 缺陷和限制;
- 建议;
- 测试结论。

5) 准确性测试规定

(1) 目的

是针对软件系统进行正确性或相符性检验的测试工作。其目的在于发现系统可能存在的各种差错,修改软件错误,提高软件质量。

(2) 实施细则

① 准确性测试的基本步骤

准确性测试活动主要包括:

- 制定准确性测试计划并准备准确性测试用例和准确性测试规程；
- 对照基线化软件和基线化分配需求及软件需求的文档，进行软件准确性测试；
- 用文档记载在准确性测试期间所鉴别出的问题并跟踪直到结束；
- 将准确性测试结果写成文档并用作为确定软件是否满足其需求的基础；
- 提交准确性测试分析报告。

② 准确性测试方法
- 有查询或报表操作时，检查在各种选择项的合理组合下，所产生的结果；
- 对照数据库中的数据是否正确；
- 对照设计文档的要求，测试程序是否正确；
- 有新增/删除操作的程序，新增/删除操作的结果正确，测试时应手工打开数据库表，以检查新增/删除的效果。

③ 准确性测试的结果分析
- 软件能力；
- 缺陷和限制；
- 建议；
- 测试结论。

2. 可靠性测试

1）成熟性测试规定
（1）目的

是针对与软件系统故障引起失效的频度有关的软件属性进行检验的测试工作。其目的在于发现软件系统内部可能存在的各种差错，从而及时修改软件错误，提高软件质量。

（2）实施细则
① 成熟性测试的基本步骤
成熟性测试活动主要包括：
- 制定成熟性测试计划并准备成熟性测试用例和成熟性测试规定规程；
- 对照软件出错和软件出错频度分配需求及软件需求的文档，进行软件成熟性测试；
- 用文档记载在成熟性测试期间所鉴别出的问题并跟踪直到结束；
- 将成熟性测试结果写成文档并用作为确定软件是否满足其需求的基础；
- 提交成熟性测试分析报告。

② 成熟性测试方法
- 测试其软件本身故障引起的出错频度；
- 测试由意外事故引起的出错频度；
- 测试由其他原因引起的出错频度。

③ 成熟性测试的结果分析
- 软件能力（经过测试所表明的软件成熟能力）；
- 缺陷和限制（说明测试所揭露的软件缺陷和不足，以及可能给软件运行带来的影响）；
- 建议（提出为弥补上述缺陷的建议）；
- 测试结论（说明能否通过）。

2）容错性测试规定

（1）目的

是针对软件系统故障或违反指定接口的情况下，维持规定的性能水平有关的测试工作。其目的在于发现软件系统内部可能存在的各种差错，修改软件错误，提高软件质量。

（2）实施细则

① 容错性测试的基本步骤

容错性测试活动主要包括：

- 制定容错性测试计划并准备容错性测试用例和容错性测试规定规程；
- 对照软件出错后可能出现的情况分配需求及软件需求的文档，进行软件容错性测试；
- 用文档记载在容错性测试期间所鉴定出的问题并跟踪直到结束；
- 将容错性测试结果写成文档并用作为确定软件是否满足其需求的基础；
- 提交容错性测试分析报告。

② 容错性测试方法

- 对操作人员的误操作是否有可靠的防御能力，不使系统瘫痪？
- 对系统的输入数据是否要求有有效的检验和排错能力？
- 在最终输出前是否对所有关键的输出数据进行合理性检查？

③ 容错性测试的结果分析

- 软件能力（经过测试所表明的软件能力）；
- 缺陷和限制（说明测试所揭露的软件缺陷和不足，以及可能给软件运行带来的影响）；
- 建议（提出为弥补上述缺陷的建议）；
- 测试结论（说明能否通过）。

3）易恢复性测试规定

（1）目的

是针对软件与失效发生后，重建其性能水平恢复直接受影响数据的及为达此目的的所需的时间和努力有关的测试工作。其目的在于发现软件系统内部可能存在的各种差错，修改软件错误，提高软件质量。

（2）实施细则

① 易恢复性测试的基本步骤

易恢复性测试活动主要包括：

- 制定易恢复性测试计划并准备易恢复性测试用例和易恢复性测试规定规程；
- 对照基线化软件和基线化分配需求及软件需求的文档，进行软件易恢复性测试；
- 用文档记载在易恢复性测试期间所鉴定出的问题并跟踪直到结束；
- 将易恢复性测试结果写成文档并用作为确定软件是否满足其需求的基础；
- 提交易恢复性测试分析报告。

② 易恢复性测试方法

系统故障：

- 系统的程序及数据是否有足够牢靠的备份措施？
- 系统遭破坏后是否具有重新恢复正常工作的能力？

- 对系统故障是否自动检测和诊断的功能?
- 故障发生时,是否能对操作人员发出完整的提示信息和指示处理方法能力?
- 是否具有自动隔离局部故障,进行系统重组和降级使用,以使系统不中断运行的紧急措施?
- 系统局部故障,可否进行占线维护,而不中断系统的运行?
- 在异常情况时是否按系统的分辨率,记录了故障前后的状态,搜集了分析信息?

硬件及有关设备故障:

- 对于硬件及设备故障是否有有效的信息保护及恢复能力?
- 系统是否具有诊断、故障报告及指示处理方法的能力?
- 是否具备冗余及自动切换能力?
- 故障诊断方法是否合理和即时?

站点/通信故障和错误:

- 有纠正所有通信传输错误的措施吗?
- 有恢复与其他站点或系统通信发生故障前原状的措施吗?
- 对站点或通信故障所采取的措施是否满足运行要求?

③ 易恢复性测试的结果分析

- 软件能力(经过测试所表明的软件能力);
- 缺陷和限制(说明测试所揭露的软件缺陷和不足,以及可能给软件运行带来的影响);
- 建议(提出为弥补上述缺陷的建议);
- 测试结论(说明能否通过)。

3. 易用性测试

1) 易操作性测试规定

(1) 目的

易操作性测试是与用户为操作和运行控制所付出的努力有关的软件属性。其目的在于增加软件操作的简易性,让用户容易接受软件,也方便用户的日常使用。

(2) 实施细则

① 易操作性测试的基本步骤

- 易操作性测试活动主要包括:
- 制定易操作性测试计划并准备易操作性测试用例和易操作性测试规程;
- 对照基线化软件和基线化分配需求及软件需求的文档,进行软件易操作性测试;
- 用文档记载在易操作性测试期间所鉴别出的问题并跟踪直到结束;
- 将易操作性测试结果写成文档并用作为确定软件是否满足其需求的基础;
- 提交易操作性测试分析报告。

② 易操作性测试方法

- 根据软件需求设计搭建相应的测试环境;
- 测试是否具有直观的操作界面,所有的说明应以帮助文档的形式出现;
- 测试操作方式是否采用菜单驱动与热键响应相结合;
- 测试是否存在复杂的菜单选项和繁琐的加密操作过程;

- 测试是否使用中文平台(还是需挂外码转换平台);
- 测试操作是否窗口的打开层次太深。

2) 易理解性测试规定

(1) 目的

易理解性是与用户为认识逻辑概念及其应用范围所付出的努力有关的软件属性。其目的在于让用户能迅速了解软件的操作流程。

(2) 实施细则

易理解性测试活动主要包括:

- 制定易理解性测试计划并准备易理解性测试用例和易理解性作测试规程;
- 对照基线化软件和基线化分配需求及软件需求的文档,进行软件易理解性测试;
- 用文档记载在易理解性测试期间所鉴别出的问题并跟踪直到结束;
- 将易理解性测试结果写成文档并用作为确定软件是否满足其需求的基础;
- 提交易理解性测试分析报告。

4. 效率测试(性能测试)

1) 时间特性测试规定

(1) 目的

时间特性是与软件执行功能时响应和处理时间以及吞吐量有关的软件属性,目的在于测试软件在多任务、多用户条件下的系统运行性能,以了解系统响应处理能力。

(2) 实施细则

① 时间特性测试的基本步骤

时间特性测试活动主要包括:

- 制定时间特性测试计划并准备时间特性测试用例和时间特性测试规程;
- 对照基线化软件和基线化分配需求及软件需求的文档,进行软件时间特性测试;
- 用文档记载在时间特性测试期间所鉴别出的问题并跟踪直到结束;
- 将时间特性测试结果写成文档并用作为确定软件是否满足其需求的基础;
- 提交时间特性测试分析报告。

② 时间特性测试方法

- 根据软件需求设计搭建相应的测试环境;
- 测试软件从单用户到多用户递增的功能响应与处理时间;
- 测试软件从单用户到多用户递增的吞吐量比率;
- 设置在多用户多任务的边界条件下,测试执行功能所需要的时间;
- 利用自动化测试工具进行大容量数据复制,利用某些参数,测试时间特性的优劣。

③ 时间特性测试的结果分析

- 软件能力(经过测试所表明的软件能力);
- 缺陷和限制(说明测试所揭露的软件缺陷和不足,以及可能给软件运行带来的影响);
- 建议(提出为弥补上述缺陷的建议);
- 测试结论(说明能否通过)。

5. 可移植性测试

1）适应性测试规定

（1）目的

适应性测试是与软件无须采用有别于为该软件准备的活动或手段就可能适应不同的规定环境有关的软件属性。其目的在于发现软件系统内部可能存在的各种差错,修改软件错误,提高软件质量。

（2）实施细则

① 适应性测试的基本步骤

适应性测试活动主要包括:

- 制定适应性测试计划并准备适应性测试用例和适应性测试规程;
- 对照基线化软件和基线化分配需求及软件需求的文档,进行软件适应性测试;
- 用文档记载在适应性测试期间所鉴别出的问题并跟踪直到结束;
- 将适应性测试结果写成文档并用作为确定软件是否满足其需求的基础;
- 提交适应性测试分析报告。

② 适应性测试方法

根据软件需求搭建相应的测试环境。例如,分别选用赛扬处理器以及同类奔腾处理器来测试软件,以测试软件在不同的处理器配置状况下的适应性。

- 测试软件在台式机与专业服务器下的适应性;
- 测试软件在不同的操作系统的适应性;
- 测试软件在不同的网络环境与语言环境的适应性。

③ 适应性测试的结果分析

- 软件能力（经过测试所表明的软件能力）;
- 缺陷和限制（说明测试所揭露的软件缺陷和不足,以及可能给软件运行带来的影响）;
- 建议（提出为弥补上述缺陷的建议）;
- 测试结论（说明能否通过）。

2）易安装性测试规定

（1）目的

易安装性测试是与在指定环境下安装软件所需努力有关的软件属性。其目的在于发现软件系统内部可能存在的各种差错,修改软件错误,提高软件质量。

（2）实施细则

① 易安装性测试的基本步骤

易安装性测试活动主要包括:

- 制定易安装性测试计划并准备易安装性测试规程;
- 对照基线化软件和基线化分配需求及软件需求的文档,进行软件易安装性测试;
- 用文档记载在易安装性测试期间所鉴别出的问题并跟踪直到结束;
- 将易安装性测试结果写成文档并用作为确定软件是否满足其需求的基础;
- 提交易安装性测试分析报告。

② 易安装性测试方法

- 根据软件需求设计搭建相应的测试环境；
- 测试系统复制、安装耗时情况；
- 测试系统安装向导的简易程度；
- 测试系统加密复杂性与安装简易性的协调。

③ 易安装性测试的结果分析

- 软件能力（经过测试所表明的软件能力）；
- 缺陷和限制（说明测试所揭露的软件缺陷和不足，以及可能给软件运行带来的影响）；
- 建议（提出为弥补上述缺陷的建议）；
- 测试结论（说明能否通过）。

3）易替换性测试规定

（1）目的

易替换性是与软件在该软件环境中用来替代指定的其他软件的机会与努力有关的软件属性。其目的在于发现软件系统内部可能存在的各种差错，修改软件错误，提高软件质量。

（2）实施细则

① 易替换性测试的基本步骤

易替换性测试活动主要包括：

- 制定易替换性测试计划测试规程；
- 对照基线化软件和基线化分配需求及软件需求的文档，进行软件易替换性测试；
- 用文档记载在互操作性测试期间所鉴别出的问题并跟踪直到结束；
- 将易替换性测试结果写成文档并用作为确定软件是否满足其需求的基础；
- 提交易替换性测试分析报告。

② 易替换性测试方法

- 根据软件需求设计搭建相应的测试环境；
- 测试软件的新增简易性；
- 测试软件系统的版本覆盖升级；
- 测试软件系统向下兼容的升级。

③ 易替换性测试的结果分析

- 软件能力（经过测试所表明的软件能力）；
- 缺陷和限制（说明测试所揭露的软件缺陷和不足，以及可能给软件运行带来的影响）；
- 建议（提出为弥补上述缺陷的建议）；
- 测试结论（说明能否通过）。

4）遵循性测试规定

（1）目的

遵循性测试是使软件遵循与可移植有关的标准或约定的软件属性。其目的在于发现软件系统内部可能存在的各种差错，修改软件错误，提高软件质量。

（2）实施细则

① 遵循性测试的基本步骤

遵循性测试活动主要包括：

- 制定遵循性测试计划并准备遵循性测试用例和遵循性测试规程；
- 对照基线化软件和基线化分配需求及软件需求的文档，进行软件互操作性测试；
- 用文档记载在遵循性测试期间所鉴别出的问题并跟踪直到结束；
- 将遵循性测试结果写成文档并用作为确定软件是否满足其需求的基础；
- 提交遵循性测试分析报告。

② 遵循性测试方法
- 根据软件需求设计搭建相应的测试环境；
- 测试系统编程语言关于语法，语意的定义与程序行为的约定；
- 测试是否遵循最优的源代码的可移植性；
- 测试系统编译后能否产生安全的不受病毒威胁的目标代码，测试是否遵循目标代码的安全性；
- 测试系统在跨操作平台时的 Windows API 和中断调用，测试是否遵循跨操作平台处理约定。

③ 遵循性测试的结果分析
- 软件能力（经过测试所表明的软件能力）；
- 缺陷和限制（说明测试所揭露的软件缺陷和不足，以及可能给软件运行带来的影响）；
- 建议（提出为弥补上述缺陷的建议）；
- 测试结论（说明能否通过）。

6. 文档测试

文档的分类结构图如图 2-1 所示，这些文档是软件生命周期中，随着各阶段工作的开展适时编写的。有的仅反映一个阶段的工作，有的则需跨越多个阶段。

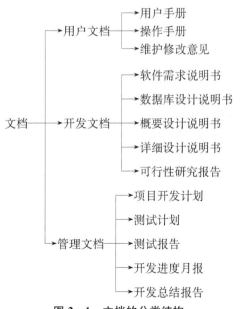

图 2-1　文档的分类结构

（1）用户文档的内容

包装上的文字和图案；宣传材料、广告及其他插页；授权/注册登记表；标签和不干胶条；安装和设置指导；用户手册；联机帮助；指南、向导；样例、示例和模板；错误提示信息。用户文档的作用如下：

- 改善易安装性；
- 提高软件的易用性；
- 改善软件的可靠性；
- 促进销路；
- 降低技术支持的费用。

（2）用户文档测试需要注意的问题

- 文档常常得不到足够的重视；
- 编写文档的人可能并不是软件特性方面的专家，对软件功能了解得并不深入，需要文档测试人员和文档作者紧密合作；
- 由于文档的印刷需要花费不少的时间，可能是几周，如果追求印刷质量的话可能需要几个月。这段时间软件有可能修改，Readme 文件的发明正因为如此，它是将最红的改动通知用户的方式；
- 文档测试不仅仅是对文字的校对，更可以辅助找到更多的程序错误。

（3）用户文档测试的要点

- 读者群；
- 术语；
- 正确性；
- 完整性；
- 一致性；
- 易用性；
- 图表与界面截图；
- 样例和示例；
- 语言；
- 印刷与包装。

（4）针对用户手册的测试

- 准确地按照手册的描述使用程序；
- 尝试每一条建议；
- 检查每条陈述；
- 查找容易误导用户的内容。

（5）针对在线帮助的测试

- 准确性；
- 帮助文档；
- 帮助索引；
- 超链接；
- 链接的意义；

- 帮助的风格。

## 2.4　软件测试的规范

- GB/T 9386—1988　　《计算机软件测试文件编制规范》
- GB/T 15532—1995　　《计算机软件单元测试规范》
- GB/T 17544—1998　　《信息技术 软件包 质量要求和测试》
- GB/T 16260.1—2003　《软件工程 产品质量》第 1 部分,质量模型
- GB/T 16260.2—200X　《软件工程 产品质量》第 2 部分,外部度量
- GB/T 16260.3—200X　《软件工程 产品质量》第 3 部分,内部度量
- GB/T 16260.4—200X　《软件工程 产品质量》第 4 部分,使用质量度量
- GB/T 18905.1—2002　《软件工程 产品质量》第 1 部分,概述
- GB/T 18905.2—2002　《软件工程 产品质量》第 2 部分,策划和管理
- GB/T 18905.3—2002　《软件工程 产品质量》第 3 部分,开发者用的过程
- GB/T 18905.4—2002　《软件工程 产品质量》第 4 部分,需方用的过程
- GB/T 18905.5—2002　《软件工程 产品质量》第 5 部分,评价者用的过程
- GB/T 18905.6—2002　《软件工程 产品质量》第 6 部分,评价模块文档编写

国标来自的国际标
- GB/T 16260.1—6 取自 ISO/IEC 9126—1:2001 ISO/IEC 9126—2:2003 ISO/IEC 9126—3:2003 ISO/IEC TR 9126—4:2004
- GB/T 18905.1—6 取自 ISO/IEC 14598—1:1999 ISO/IEC 14598—2:2000 ISO/IEC 14598—3:2000 ISO/IEC 14598—4:1999 ISO/IEC 14598—5:1998 ISO/IEC 14598—6:2001
- GB/T 17544—1998 取自 ISO/IEC 12119:1994

# 第三章 白盒测试技术

白盒测试又称结构测试、逻辑驱动测试或基于代码的测试,白盒测试也是一种测试用例设计方法。盒子是指被测试的软件,白盒则表示被测软件的内部逻辑结构是可知的。白盒测试方法要求测试者必须检查程序的内部结构,从检查程序的逻辑着手,得出测试数据。

白盒测试方法可以分为两大类:静态测试方法和动态测试方法。其中静态测试方法不要求在计算机上实际执行所测程序,主要以一些人工模拟技术对软件进行分析和测试;动态测试方法则需要通过输入一组预先按照一定的测试准则构造的实例数据来动态运行程序,从而达到发现程序错误的目的。属于静态测试方法的主要有代码检查法、静态结构分析法、静态质量度量法等;在动态测试方法中,主要有逻辑覆盖测试法、基本路径测试法等。

## 3.1 逻辑覆盖测试

逻辑覆盖是以程序内部的逻辑结构为基础的设计测试用例的技术,是通过对程序逻辑结构的遍历实现程序的覆盖,它是一组测试过程的总称,这组测试过程遵从逻辑覆盖标准。

逻辑覆盖测试方法要求测试人员对程序的逻辑结构有清楚的了解,甚至要能掌握源程序的所有细节,它属于动态测试。

下例是一个完整的 Java 方法,我们将分别使用语句覆盖、判定覆盖、条件覆盖、判断/条件覆盖、条件组合覆盖等五种主要方法进行测试数据的设计。

【例 3.1】 计算某年份是否为闰年。

```
1    public boolean Is Leap year(int n Year)
2    {
3        boolean b Leap year = false;
4        if(n Year % 4 == 0 && n Year % 100! = 0 || n Year % 400 == 0)
5            b Leap year = true;
6        return b Leap year;
7    }
```

### 3.1.1　语句覆盖

**1. 语句覆盖的定义**

语句覆盖(statement coverage)就是选择足够多的测试用例,使被测程序中每条语句至少执行一次。

语句覆盖率的公式:语句覆盖率＝被评价到的语句数量/可执行的语句总数×100%

**2. 测试用例设计举例**

可以对【例3.1】的方法设计出以下测试用例来满足语句覆盖的定义:

| 测试用例编号 | 测试输入(n Year) | 预期输出 | 执行语句 |
|---|---|---|---|
| Test Case 1 | 2008 | true | 3、4、5、6 |

**3. 测试的充分性分析**

根据语句覆盖的标准,对于【例3.1】的测试只需要一个用例就可达到100%语句覆盖,但如果程序中第4行的条件语句错写成:

if(n Year % 4 == 0 || n Year % 100 != 0 || n Year % 400 == 0)

则仍可通过测试而不能发现缺陷。因此,语句覆盖标准发现缺陷的能力较弱,但有很好的经济性。

### 3.1.2　判定覆盖

**1. 判定覆盖的定义**

判定覆盖(decision coverage)又称为分支覆盖(branch coverage),是指设计足够多的测试用例,运行被测程序,使得程序中每个判断的取真分支和取假分支至少经历一次,即判断的真假值均曾被满足。

判定覆盖的公式:判定覆盖率＝被评价到的判定分支个数/判定分支的总数×100%

**2. 测试用例设计举例**

根据判定覆盖的定义,【例3.1】程序中的条件语句:

P1: if(n Year % 4 == 0 && n Year % 100 != 0 || n Year % 400 == 0)

其每个分支至少被执行一次,因此,设计出以下测试用例来满足判定覆盖的定义:

| 测试用例编号 | 测试输入(n Year) | P1 | 预期输出 |
|---|---|---|---|
| Test Case 1 | 2008 | true | true |
| Test Case 2 | 2009 | false | false |

3. 测试的充分性分析

根据判定覆盖的标准,对于【例 3.1】的测试需要设计 2 个用例来达到 100％判定覆盖。如果程序中第 4 行的条件语句错写成:

```
if(n Year %4 == 0 || n Year %100! = 0 || n Year %400 == 0)
```

使用以上用例进行测试可以发现缺陷。因此,判定覆盖标准发现缺陷的能力要强于语句覆盖标准,测试用例数也往往多于后者。满足判定覆盖标准的测试用例也一定满足语句覆盖标准。

同样,如果程序中第 4 行语句错写成:

```
if(n Year %4 == 0 || n Year %100 == 0 || n Year %400 == 0)
```

使用以上用例进行测试将不能发现缺陷。

### 3.1.3　条件覆盖

1. 条件覆盖的定义

条件覆盖(condition coverage)是指设计足够多的测试用例,运行被测程序,使得每一判定语句中每个逻辑条件的可能取值至少满足一次。

条件覆盖率的公式:条件覆盖率＝被评价到的条件取值的数量/条件取值的总数×100％

2. 测试用例设计举例

根据条件覆盖的定义,需要将【例 3.1】代码中的条件语句拆分为 3 个子逻辑表达式:

C1：n Year %4 == 0

C2：n Year %100! = 0

C3：n Year %400 == 0

我们可以设计出以下测试用例来满足条件覆盖的定义:

| 测试用例编号 | 测试输入<br>(n Year) | C1 | C2 | C3 | 预期输出 |
| --- | --- | --- | --- | --- | --- |
| Test Case 1 | 2000 | true | false | true | true |
| Test Case 2 | 2007 | false | true | false | false |
| Test Case 3 | 2008 | true | true | false | true |

3. 测试的充分性分析

根据条件覆盖的标准,对于【例 3.1】的测试需要设计 3 个用例来达到 100％条件覆盖。由于在设计测试用例时需要考虑每个子逻辑表达式的取值情况,条件覆盖标准发现缺陷的能力要强于判定覆盖标准,测试用例数也往往多于后者。需要注意的是:满足 100％条件覆盖标准的测试用例不一定满足 100％判定覆盖标准,也就不一定满足 100％语句覆盖标准。

同样,如果程序中第 4 行语句错写成:

if(n Year ％4＝＝0 &&(n Year ％100!＝0 || n Year ％400＝＝0))

使用以上用例进行测试将不能发现缺陷。

### 3.1.4　判定/条件覆盖

**1. 判定/条件覆盖的定义**

判定/条件覆盖(decision/condition coverage)是指设计足够多的测试用例,使得判定中的每个条件的所有可能(真/假)至少出现一次,并且每个判定本身的判定结果也至少出现一次。

判定/条件覆盖率的公式:条件判定覆盖率＝被评价到的条件取值和判定分支的数量/(条件取值总数＋判定分支总数)×100％

**2. 测试用例设计举例**

根据判定/条件覆盖的定义,需要同时考虑【例 3.1】代码中的条件语句 P1 以及 P1 中的 3 个子逻辑表达式的取值:

P1:if(n Year ％4＝＝0 && n Year ％100!＝0 || n Year ％400＝＝0)

C1:n Year ％4＝＝0

C2:n Year ％100!＝0

C3:n Year ％400＝＝0

设计以下测试用例来满足判定/条件覆盖的定义:

| 测试用例编号 | 测试输入<br>(n Year) | C1 | C2 | C3 | P1 | 预期输出 |
|---|---|---|---|---|---|---|
| Test Case 1 | 2000 | true | false | true | true | true |
| Test Case 2 | 2006 | false | true | false | false | false |
| Test Case 3 | 2012 | true | true | false | true | true |

**3. 测试的充分性分析**

根据判定/条件覆盖的标准,对于【例 3.1】的测试需要设计 3 个用例来达到 100％判定/条件覆盖。由于在设计测试用例时需要同时考虑条件语句及其每个子逻辑表达式的取值情况,判定/条件覆盖标准发现缺陷的能力要强于条件覆盖标准。满足 100％判定/条件覆盖标准的测试用例既满足 100％条件覆盖标准,也满足 100％判定覆盖标准以及 100％语句覆盖标准。

同样,如果程序中第 4 行语句错写成:

if(n Year ％4＝＝0 &&(n Year ％100!＝0 || n Year ％400＝＝0))

使用以上用例进行测试将不能发现缺陷。

### 3.1.5 条件组合覆盖

#### 1. 条件组合覆盖的定义

条件组合覆盖,也称多条件覆盖(multiple condition coverage),是指设计足够多的测试用例,使得每个判定中条件的各种可能组合都至少出现一次。

需要说明的是:组合只发生在条件语句内部的各个子逻辑表达式之间,不同的条件语句间无须组合,只含有一个逻辑表达式的条件语句也只要满足自己的所有取值即可。

条件组合覆盖率的公式:条件组合覆盖率＝被评价到的条件取值组合的数量/条件取值组合的总数×100%

#### 2. 测试用例设计举例

根据条件组合覆盖的定义,需要考虑【例3.1】代码中的条件语句 P1 中 3 个子逻辑表达式 C1、C2、C3 的所有可能的取值组合(理论上共有 8 种组合)。我们可以设计以下测试用例来满足条件组合覆盖的定义:

| 测试用例编号 | 测试输入<br>(n Year) | C1 | C2 | C3 | 预期输出 |
| --- | --- | --- | --- | --- | --- |
| Test Case 1 | 无法满足 | false | false | false | false |
| Test Case 2 | 无法满足 | false | false | true | true |
| Test Case 3 | 1997 | false | true | false | false |
| Test Case 4 | 无法满足 | false | true | true | true |
| Test Case 5 | 无法满足 | true | false | false | false |
| Test Case 6 | 2000 | true | false | true | true |
| Test Case 7 | 2012 | true | true | false | true |
| Test Case 8 | 无法满足 | true | true | true | true |

#### 3. 测试的充分性分析

根据条件组合覆盖的标准,对于【例3.1】的测试需要设计 8 个用例来达到 100%条件组合覆盖,但由于案例的特殊性,实际上只能实现 3 种组合。在设计测试用例时需要考虑条件语句中每个子逻辑表达式的取值组合情况,往往会增加测试用例的数量,发现缺陷的概率也会增加,因此,条件组合覆盖标准发现缺陷的能力要强于判定/条件覆盖标准。

满足 100%条件组合覆盖标准的测试用例一定满足 100%条件覆盖标准,也满足 100%判定覆盖标准以及 100%语句覆盖标准。

同样,由于实际案例的特殊性,如果程序中第 4 行语句错写成:

if(n Year % 4 == 0 &&(n Year % 100! = 0 || n Year % 400 == 0))

使用以上用例进行测试将不能发现缺陷。这个案例说明了在软件测试工作中,往往还需要将静态测试方法和动态测试方法相结合。

## 3.2  基本路径测试

基本路径测试法是在程序控制流图的基础上,通过分析控制构造的环路复杂性,导出基本可执行路径集合,从而设计测试用例的方法。基本路径测试方法要求设计出的测试用例要保证在测试中程序的每个可执行语句至少执行一次。基本路径测试方法遵从路径覆盖标准。

对于下列 Java 方法(函数),我们将使用基本路径测试法来设计此程序的测试用例。

【例 3.2】 返回三个整数中的最大值。

```
1     public int GetMax(int a,int b,int c)
2     {
3             int max = c;
4             if(a> = b)
5             {
6                     if(a> = c)
7                             max = a;
8             }
9             else if(b> = c)
10                        max = b;
11          return max;
12    }
```

### 3.2.1  控制流图与环形复杂度

#### 1. 控制流图的特点

控制流图由结点和边组成,分别用圆和箭头表示,如图 3-1 所示,其特点如下:

(1) 程序设计图中一个连续的处理框(对应于程序中的顺序语句)序列和一个判定框(对应于程序中的条件控制语句)映射成流图中的一个结点;

(2) 程序设计图中的箭头(对应于程序中的控制转向)映射成流图中的一条边;

(3) 对于程序设计图中多个箭头的交汇点可以映射成流图中的一个结点(空结点)。

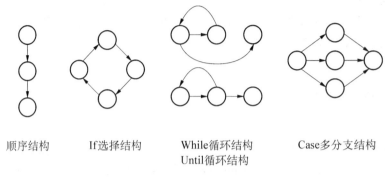

顺序结构　　　If选择结构　　　While循环结构　　　Case多分支结构
　　　　　　　　　　　　　　　　　Until循环结构

**图 3 - 1　控制流图的结构**

2. 控制流图的构造方法举例

对于【例 3.2】的程序,可以先构造出程序流程图,再将流程图转换为控制流图:

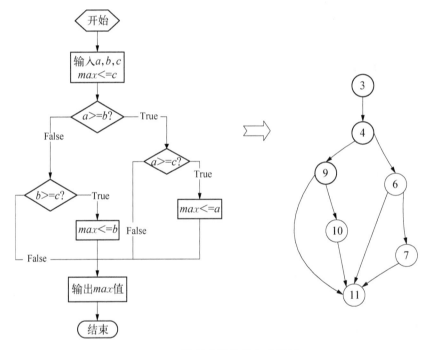

**图 3 - 2　控制流图构造方法举例**

在将程序流程图简化成控制流图时,应注意:在选择或多分支结构中,分支的汇聚处应有一个汇聚结点;边和结点圈定的区域叫作区域,当对区域计数时,图形外的区域也应记为一个区域。

3. **控制流图的环形复杂度**

环形复杂度是一种为程序逻辑复杂性提供定量测度的软件度量,将该度量用于计算程序的基本的独立路径数目,为确保所有语句至少执行一次的测试数量的下界。独立路径必须包含一条在定义之前不曾用到的边。有以下 3 种方法计算环形复杂度:

（1）控制流图 G 的环形复杂度 $V(G)=E-N+2$，其中，$E$ 是流图中边的条数，$N$ 是结点数；

（2）控制流图 G 的环形复杂度 $V(G)=$ 区域数；

（3）控制流图 G 的环形复杂度 $V(G)=P+1$，其中，$P$ 是流图中判定结点的数目。

### 4. 环形复杂度计算举例

对于【例 3.2】程序控制流图的环形复杂度，可以使用公式：$V(G)=E-N+2$。在这个案例中，$E=9$，$N=7$，所以：$V(G)=9-7+2=4$，也就是说，至少需要设计 4 个测试用例来对 4 条基本的独立路径进行测试才能够覆盖到所有的程序语句。

如果使用公式：$V(G)=$ 区域数，则本例中区域数 $=4$，所以 $V(G)=4$，结论相同。

## 3.2.2 测试用例设计

### 1. 测试用例的导出

环形复杂度是一种为程序逻辑复杂性提供定量测度的软件度量，将该度量用于计算程序的基本的独立路径数目，为确保所有语句至少执行一次的测试数量的下界。独立路径必须包含一条在定义之前不曾用到的边。

根据控制流图及环形复杂度计算结果，我们可以得到与环形复杂度数相同数量的独立路径，各路径所包含的边集不完全相同，满足每个独立路径的测试数据即构成了一个测试用例。

### 2. 测试用例设计举例

对于【例 3.2】程序控制流图的环形复杂度 $V(G)=4$，可以构造出 4 条独立路径：

| 独立路径编号 | 路径序列 |
|---|---|
| Path 1 | 3,4,9,11 |
| Path 2 | 3,4,9,10,11 |
| Path 3 | 3,4,6,11 |
| Path 4 | 3,4,6,7,11 |

根据以上路径的设定，可以设计以下测试用例来满足路径覆盖标准：

| 测试用例编号 | 测试输入$(a,b,c)$ | 执行路径 | 预期输出 |
|---|---|---|---|
| Test Case 1 | (1,2,3) | Path 1 | 3 |
| Test Case 2 | (1,3,2) | Path 2 | 3 |
| Test Case 3 | (2,1,3) | Path 3 | 3 |
| Test Case 4 | (3,2,1) | Path 4 | 3 |

### 3.2.3 Z路径覆盖测试

Z路径覆盖是路径覆盖的一种变体,它是将程序中的循环结构简化为选择结构的一种路径覆盖。循环简化的目的是限制循环的次数,无论循环的形式和循环体实际执行的次数,简化后的循环测试只考虑执行循环体一次和零次(不执行)两种情况,即考虑执行时进入循环体一次和跳过循环体这两种情况。

如图3-3所示,图(a)和图(b)的循环结构在Z路径覆盖测试时将被等效于图(c)的选择结构,从而减少了路径的数量,也简化了测试用例的设计。

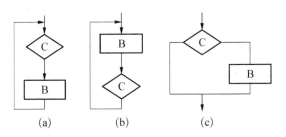

图3-3 Z路径覆盖

## 3.3 循环测试

循环测试中的循环分为4种不同类型:简单循环、嵌套循环、串接循环和非结构循环,如图3-4所示。

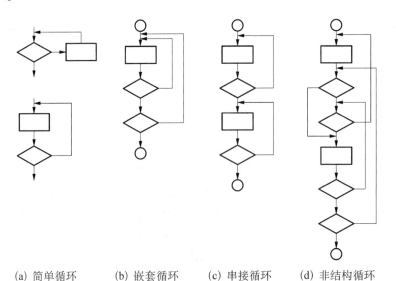

(a) 简单循环　　　(b) 嵌套循环　　　(c) 串接循环　　　(d) 非结构循环

图3-4 循环测试中的循环类型

### 3.3.1　简单循环测试原则

测试简单循环,设其循环的最大次数为 $n$,可采用以下测试用例集:
(1) 零次循环:跳过循环体,从循环入口到出口;
(2) 一次循环:检查循环初始值;
(3) 二次循环:检查多次循环;
(4) 循环 $m$ 次,其中 $m<n$;
(5) 分别循环 $n-1$、$n$ 和 $n+1$ 次。

### 3.3.2　嵌套循环测试原则

可以按照下列规则设计测试用例:
(1) 先测试最内层循环:所有外层的循环变量置为最小值,最内层按简单循环测试;
(2) 由里向外,测试上一层循环:测试时此层以外的所有外层循环的循环变量取最小值,此层以内的所有嵌套内层循环的循环变量取"典型"值,该层按简单循环测试;
(3) 重复上一条规则,直到所有各层循环测试完毕;
(4) 对全部各层循环同时取最小循环次数,或者同时取最大循环次数。

### 3.3.3　嵌套循环测试原则

对于嵌套类循环结构应先将其结构化,然后再测试。

### 3.3.4　非结构循环测试原则

对于这类循环结构同样应先将其转换为等价的结构化循环结构,然后再测试。

## 3.4　代码检查法

### 3.4.1　代码审查

代码审查是由若干程序员和测试员组成一个审查小组,通过阅读、讨论和争议,对程序进行静态分析的过程。

代码审查分两步:第一步,小组负责人提前把设计规格说明书、控制流程图、程序文本及有关要求、规范等分发给小组成员,作为审查的依据。小组成员在充分阅读这些材料后,进入审查的第二步,召开程序审查会。在会上,首先由程序员逐句简介程序的逻辑。在此过程中,程序员或其他小组成员可以提出问题,展开讨论,审查错误是否存在。实践表明,程序员在讲解过程中能发现许多原来自己没有发现的错误,而讨论和争议则促进了问题的暴露。

在会前,应当给审查小组每个成员准备一份常见错误的清单,把以往所有可能发生的常见错误罗列出来,供与会者对照检查,以提高审查的失效。这个常见的错误清单也称为检查表,它把程序中可能发生的各种错误进行分类,对每一类错误列出尽可能多的典型错误,然后把它们制成表格,供再审查时使用。

### 3.4.2 桌面检查

这是一种传统的检查方法,由程序员检查自己编写的程序。程序员在程序通过编译之后,对源程序代码进行分析、检验,并补充相关文档,目的是发现程序中的错误。由于程序员熟悉自己的程序及其程序设计风格,桌面检查由程序员自己进行可以节省很多的检查时间,但应避免主观片面性。

### 3.4.3 走查

与代码审查基本相同,分为两步,第一步也是把材料分给走查小组的每个成员,让他们认真研究程序,然后再开会。开会的程序与代码审查不同,不是简单地读程序和对照错误检查表进行检查,而是让与会者"充当"计算机,即首先由测试组成员为所测试程序准备一批有代表性的测试用例,提交给走查小组。走查小组开会,集体扮演计算机角色,让测试用例沿程序的逻辑运行一遍,随时记录程序的踪迹,供分析和讨论用。

## 3.5 白盒测试综合策略

在白盒测试中,可以使用各种测试方法的综合策略:

(1) 在测试中,应尽量先用工具进行静态结构分析;

(2) 测试中要采取先静态后动态的组合方式:先进行静态结构分析、代码检查和静态质量度量,再进行覆盖率测试;

(3) 利用静态分析的结果作为引导,通过代码检查和动态测试的方式对静态分析结果进行进一步的确认,使测试工作更为有效;

(4) 覆盖率测试是白盒测试的重点,一般可使用基本路径测试法达到语句覆盖标准;对于软件的重点模块,应使用多种覆盖率标准衡量代码的覆盖率;

(5) 在不同的测试阶段,测试的侧重点不同:在单元测试阶段,以代码检查、逻辑覆盖为主;在集成测试阶段,需要增加静态结构分析、静态质量度量;在系统测试阶段,应根据黑盒测试的结果,采取相应的白盒测试。

# 第四章 黑盒测试技术

黑盒测试是依据软件的需求规约,而不考虑程序的内部结构与特性,检查程序的功能是否符合需求规约的要求的测试方法。

从理论上讲,黑盒测试只有把所有可能的输入都作为测试情况考虑,才有可能查出程序中所有的错误,而实际上完全测试是不可能的,所以我们要进行有针对性的测试。

黑盒测试行为必须能够加以量化,才能真正保证软件质量,而测试用例就是将测试行为具体量化的方法之一。具体的黑盒测试用例设计方法包括等价类划分法、边界值分析法、错误推测法、因果图法、判定表驱动法、正交试验设计法、功能图法等。

## 4.1 等价类划分法

### 4.1.1 等价类与等价类划分

数学中定义的等价类是指给定一个非空集合 $A$ 以及在 $A$ 上的一个等价关系 $R$,则 $A$ 中的一个元素 $x$ 的等价类是在 $A$ 中等价于 $x$ 的所有元素构成的集合 $A$ 的子集,记为:$[x]_R = \{y \mid y \in A \wedge y R x\}$。

因为等价关系 $R$ 所构成的任意两个等价类具有要么相等要么不相交的性质,即集合 $A$ 中任一元素 $y$ 唯一属于一个等价类,所以一个等价关系的所有等价类的集合构成集合 $A$ 的一个划分(彼此不相交的子集,这些子集的并集为集合 $A$)。根据以上描述,我们可以将测试数据划分为不同的等价类,每个等价类中的所有数据对于测试的作用是相同的(因为是等价的)。

软件测试中的等价类划分就是把输入数据的可能值划分为若干等价类(在软件测试中的等价类是指某个输入域的子集合。在该集合中,各个输入数据对于揭露程序中的错误都是等价的)。因此,可以把全部输入数据合理地划分为若干等价类,在每一个等价类中取一个数据作为测试的输入条件,这样就可以少量地代表性测试数据,来取得较好的测试结果。

测试输入数据的等价类划分可以用图 4-1 来表示,图中椭圆形表示所有可能的测试输入数据的集合,集合被等价类划分出若干不相交的区域,每个区域内的黑色圆点表示被选择的测试输入数据。

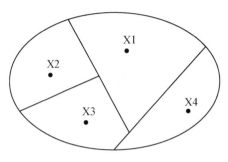

图 4-1　等价类划分示意图

## 4.1.2　等价类划分的基本原则和标准

### 1. 有效等价类与无效等价类

根据软件规格说明,所有的测试输入数据在总体上可以分为有效的输入和无效的输入两类,因此,等价类的划分有以下两种不同的情况:

(1) 有效等价类:对于程序的规格说明是合理的、有意义的输入数据构成的集合。

(2) 无效等价类:对于程序的规格说明,是不合理的,是没有意义的输入数据构成的集合。

### 2. 划分等价类的基本原则

(1) 在输入条件规定的取值范围或值的个数的情况下,可以确定一个有效等价类和两个无效等价类。

例:某程序要求输入值是学生成绩,范围是 0～100,则可以划分如下:

无效等价类:成绩<0,成绩>100;

有效等价类:0≤成绩≤100。

(2) 在规定了输入数据的一组值中(假定有 $n$ 个值),并且程序要对每个输入值分别处理的情况下,可以确定 $n$ 个有效等价类和一个无效等价类。

例:输入条件说明学历可为专科、本科、硕士、博士四种之一,则分别取这四种作为四个有效等价类,另外把四种学历之外的任何学历作为无效等价类。

(3) 在规定输入数据必须遵守的规则的情况下,可以确定一个有效等价类和若干个无效等价类。

例:某程序要求输入账号必须为 5 位数字,则有效等价类为 5 位数字,可取 1、2、3、4、6 位数字作为无效等价类。

(4) 在输入条件规定了输入值的集合或规定了"必须如何"的条件下,可以确定一个有效等价类和一个无效等价类。

例:$X$ 的平方根要求 $X>=0$,则有效等价类为所有大于等于零的数,所有小于零的数作为无效等价类。

(5) 在确定已划分的等价类中各元素在程序处理中的方式不同的情况下,则应将该等价类进一步地划分为更小的等价类。

3. 等价类表

等价类表的作用是列出所有划分出的等价类。该表主要由三列组成,第一列为输入条件,第二列为有效等价类,第三列为无效等价类,编号列用来为每个等价类规定唯一的编号。

例:某程序要求输入值是学生成绩,范围是 0～100,等价类表如下:

| 输入条件 | 编号 | 有效等价类 | 编号 | 无效等价类 |
|---|---|---|---|---|
| 成绩值 | 1 | 0≤成绩≤100 | 2 | 成绩<0 |
| | | | 3 | 成绩>100 |

4. 测试用例设计

等价类划分法测试用例的设计可参考以下三个步骤:

(1) 在分析需求规格说明的基础上划分等价类,列出等价类表,为每一个等价类规定一个唯一的编号。

(2) 将程序可能的输入数据分成若干个子集,从每个子集中选取一个有代表性的数据作为测试用例。等价类是某个输入域的子集,在该子集中的每个输入数据的作用都是等效的。

(3) 设计新的测试用例,使其尽可能多地覆盖未覆盖的有效等价类,按照这一步骤重复进行,直到所有的有效等价类都被覆盖为止。

(4) 设计新的测试用例,使其仅覆盖一个尚未被覆盖的无效等价类,按照这一步骤重复进行,直到所有的无效等价类都被覆盖为止。

例:根据上例中的等价类表,可以设计出以下测试用例:

| 测试用例编号 | 测试输入（成绩） | 覆盖等价类 | 预期输出 |
|---|---|---|---|
| Test Case 1 | 80 | 1 | 有效数据 |
| Test Case 2 | −10 | 2 | 错误提示 |
| Test Case 3 | 120 | 3 | 错误提示 |

5. 等价类划分的标准

等价类划分的合理与否,可以用以下三个标准来判断:

(1) 划分等价类是将所有可能的测试输入数据集合划分为互不相交的一组子集,而子集的并是整个集合,称之为划分的完备性;

(2) 等价类划分后的子集互不相交,称之为划分的无冗余性;

(3) 同一等价类中选择一个测试用例,再多选择一个测试用例,只会得到相同的路径覆盖。

### 4.1.3 标准与健壮等价类划分

#### 1. 标准等价类测试

标准等价类不考虑无效数据值,测试用例使用每个等价类中的一个值。

通常,标准等价类测试用例的数量和最大有效等价类的数目相等。

**【例 4.1】** NextDate 函数包含三个变量:month、day 和 year,函数的输出为输入日期后一天的日期。例如,输入为 2006 年 3 月 7 日,则函数的输出为 2006 年 3 月 8 日。要求输入变量 month、day 和 year 均为整数值,并且满足下列条件:

① $1 \leqslant month \leqslant 12$

② $1 \leqslant day \leqslant 31$

③ $1920 \leqslant year \leqslant 2050$

根据以上条件可以确定有效等价类为:

M1 = {月份:$1 \leqslant$月份$\leqslant 12$}

D1 = {日期:$1 \leqslant$日期$\leqslant 31$}

Y1 = {年:$1920 \leqslant$年$\leqslant 2050$}

标准等价类测试用例设计如下:

| 测试用例编号 | month | day | year | 预期输出 |
|---|---|---|---|---|
| Test Case 1 | 1 | 2 | 2003 | 2003/1/3 |

#### 2. 健壮等价类测试

健壮等价类考虑无效等价类,即无效的输入数据。

**【例 4.2】** 对于上例的 NextDate 函数,其无效等价类为:

M2 = {月份:月份$<1$}

M3 = {月份:月份$>12$}

D2 = {日期:日期$<1$}

D3 = {日期:日期$>31$}

Y2 = {年:年$<1920$}

Y3 = {年:年$>2050$}

健壮等价类测试用例设计如下:

| 测试用例编号 | month | day | year | 预期输出 |
|---|---|---|---|---|
| Test Case 2 | $-2$ | 15 | 2001 | 月份不在 1~12 中 |
| Test Case 3 | 6 | $-2$ | 2001 | 日期不在 1~31 中 |
| Test Case 4 | 6 | 15 | 1910 | 年份不在 1920~2050 中 |

| 测试用例编号 | month | day | year | 预期输出 |
|---|---|---|---|---|
| Test Case 5 | −2 | −2 | 2001 | 两个无效一个有效 |
| Test Case 6 | 6 | −2 | 1910 | 两个无效一个有效 |
| Test Case 7 | −2 | 15 | 1910 | 两个无效一个有效 |
| Test Case 8 | −2 | −2 | 1910 | 三个无效 |

## 4.2 边界值分析法

边界值分析法就是对输入或输出的边界值进行测试的一种黑盒测试方法。通常边界值分析法是作为对等价类划分法的补充,这种情况下,其测试用例来自等价类的边界。

### 4.2.1 边界值分析法的概念

从长期的实践中得知,处理边界情况时,程序最容易发生错误。所以,在设计测试用例时,应该选择一些边界值,这就是边界值分析的测试技术。边界值分析也是一种黑盒测试方法,是对等价类划分方法的补充。

使用边界值分析方法设计测试用例时,首先要确定边界情况,这需要经验和创造性。通常,输入等价类和输出等价类的边界就是应该着重测试的程序边界情况。选取的测试数据应该刚好等于、刚好小于和刚好大于边界值,而不是先取每个等价类内的典型值或任意值作为测试数据。可以根据以下原则来确定测试用例:

(1) 按照输入值范围的边界。

例:输入值的范围是−1.0~1.0,则可选择用例−1.0、1.0、−1.001、1.001。

(2) 按照输入/输出值个数的边界。

例:输入文件可有 1~255 个记录,则设计用例:文件的记录数为 0 个、1 个、255 个、256 个。

(3) 输出值域的边界。

例:检索文献摘要,最多 4 篇。设计用例:可检索 0 篇、1 篇、4 篇和 5 篇(错误)。

(4) 输入/输出有序集(如顺序文件、线性表)的边界,则应选择第 1 个元素和最后 1 个元素。

常见的边界值如下:

① 对 16 bit 的整数而言 32 767 和−32 768 是边界。

② 屏幕上光标在最左上、最右下位置。

③ 报表的第 1 行和最后 1 行。

④ 数组元素的第 1 个和最后 1 个。

⑤ 循环的第 0 次、第 1 次和倒数第 2 次、最后 1 次。

### 4.2.2 边界值分析法案例

【例 4.3】 上例中 NextDate 函数的边界值分析测试用例 在 NextDate 函数中，隐含规定了变量 month 和变量 day 的取值范围为 $1 \leqslant month \leqslant 12$ 和 $1 \leqslant day \leqslant 31$（假设每个月都为 31 天），并设定变量 year 的取值范围为 $1920 \leqslant year \leqslant 2050$。

边界值分析法设计测试用例如下：

| 测试用例编号 | month | day | year | 预期输出 |
| --- | --- | --- | --- | --- |
| Test Case 9 | 6 | 15 | 1919 | 年份不在 1920～2050 中 |
| Test Case 10 | 6 | 15 | 1920 | 1920/6/16 |
| Test Case 11 | 6 | 15 | 2050 | 2050/6/16 |
| Test Case 12 | 6 | 15 | 2051 | 2051/6/16 |
| Test Case 13 | 6 | −1 | 2001 | 日期不在 1～31 中 |
| Test Case 14 | 6 | 1 | 2001 | 2001/6/2 |
| Test Case 15 | 7 | 31 | 2001 | 2001/8/1 |
| Test Case 16 | 7 | 32 | 2001 | 日期不在 1～31 中 |
| Test Case 17 | −1 | 6 | 2001 | 月份不在 1～12 中 |
| Test Case 18 | 1 | 15 | 2001 | 2001/1/16 |
| Test Case 19 | 12 | 6 | 2001 | 2001/12/7 |
| Test Case 20 | 13 | 6 | 2001 | 月份不在 1～12 中 |

## 4.3 决策表法

### 4.3.1 决策表法的概念

决策表，也叫判定表。在所有的功能性测试方法中，基于决策表的测试方法被认为是最严格的，因为决策表具有逻辑严格性。

决策表是分析和表达多逻辑条件下执行不同操作的情况的工具。在程序设计发展的初期，决策表就已被用作编写程序的辅助工具了。它可以把复杂的逻辑关系和多种条件组合的情况表达得比较明确。

### 4.3.2 决策表的结构

决策表通常由 4 个部分组成，如图 4-2 所示。

（1）条件桩(condition stub)：列出了问题的所有条件。通常认为列出的条件的次序无关紧要。

（2）动作桩(action stub)：列出了问题规定可能采取的操作。这些操作的排列顺序没有约束。

（3）条件项(condition entry)：列出针对它所列条件的取值，在所有可能情况下的真假值。

（4）动作项(action entry)：列出在条件项的各种取值情况下应该采取的动作。

（5）规则：任何一个条件组合的特定取值及其相应要执行的操作。在决策表中贯穿条件项和动作项的一列就是一条规则。

显然，决策表中列出多少组条件取值，也就有多少规则，条件项和动作项就有多少列。

图 4-2 决策表

【例 4.4】 某运输公司收取运费的标准如下：

① 本地客户每吨 5 元。

② 外地客户货物重量 $W$ 在 100 吨以内（含），每吨 8 元。

③ 外地客户货物 100 吨以上时，距离 $L$ 在 500 公里以内（含）超过部分每吨增加 7 元，距离 500 公里以上时，超过部分每吨再增加 10 元。

根据以上条件则可以构造决策表如下：

| 选项＼规则 | 1 | 2 | 3 | 4 | | | |
|---|---|---|---|---|---|---|---|
| C1：本地客户 | T | F | F | F | | | |
| C2：100 吨以内 | — | T | F | F | | | |
| C3：500 公里以内 | — | — | T | F | | | |
| A1：收费 5W | √ | | | | | | |
| A2：收费 8W | | √ | | | | | |
| A3：收费 800+15(W−100) | | | √ | | | | |
| A4：收费 800+25(W−100) | | | | √ | | | |

【例 4.5】 邮寄包裹收费标准如下：

若收件地点在 1 000 公里以内，普通件每公斤 2 元，挂号件每公斤 3 元；若收件地点在 1 000 公里以外，普通件每公斤 2.5 元，挂号件每公斤 3.5 元，若重量大于 30 公斤，超重部分每公斤加收 0.5 元。绘制收费标准的决策树和决策表（重量用 $W$ 表示）。

### 4.3.3 决策表的建立步骤

决策表的建立应该根据软件规格说明,步骤如下:

(1) 列出所有的条件和动作。

(2) 确定规则的个数。假如有 $n$ 个条件,每个条件分别有 $k_i$ 个取值,则有 $k_1 k_2 \cdots k_n$ 种规则;但如果每个条件只有两个取值,则有 $2^n$ 种规则。

(3) 制定初始决策表:在条件桩中填入条件,在动作桩中填入动作。

(4) 输入条件项,根据条件项填写动作项。

(5) 简化、合并相似规则或者相同动作。

Beizer(《Software Testing Techniques》的作者)指出了适合使用决策表设计测试用例的条件:

(1) 规格说明以决策表的形式给出,或很容易转换成决策表。

(2) 条件的排列顺序不影响执行那些操作。

(3) 规则的排列顺序不影响执行那些操作。

(4) 当某一规则的条件已经满足,并确定要执行的操作后,不必检验别的规则。

(5) 如果某一规则要执行多个操作,这些操作的执行顺序无关紧要。

在【例 4.4】中,根据对收费标准的说明的分析可以确定 3 个条件,分别为:

C1:本地客户

C2:100 吨以内

C3:500 公里以内

共有 4 种动作,分别为:

A1:收费 5$W$

A2:收费 8$W$

A3:收费 $800+15(W-100)$

A4:收费 $800+25(W-100)$

在这里每个条件的取值为两个(True,False),共有 $2^3 = 8$ 种规则,构造初始决策表如下:

| 选项 ＼ 规则 | 1 | 2 | 3 | 4 | 5 | 6 | 7 | 8 |
|---|---|---|---|---|---|---|---|---|
| C1:本地客户 | T | T | T | T | F | F | F | F |
| C2:100 吨以内 | T | T | F | F | T | T | F | F |
| C3:500 公里以内 | T | F | T | F | T | F | T | F |
| A1:收费 5$W$ | √ | √ | √ | √ | | | | |
| A2:收费 8$W$ | | | | | √ | √ | | |
| A3:收费 $800+15(W-100)$ | | | | | | | √ | |
| A4:收费 $800+25(W-100)$ | | | | | | | | √ |

对以上 8 个规则进行观察,可以发现规则 1、2、3、4 可以合并为一条规则,规则 5、6 也可以合并,因此可以得出以下决策表:

| 选项　　　　　　　规则 | 1 | 5 | 7 | 8 |
|---|---|---|---|---|
| C1:本地客户 | T | F | F | F |
| C2:100 吨以内 | — | T | F | F |
| C3:500 公里以内 | — | — | T | F |
| A1:收费 5W | √ | | | |
| A2:收费 8W | | √ | | |
| A3:收费 $800+15(W-100)$ | | | √ | |
| A4:收费 $800+25(W-100)$ | | | | √ |

## 4.4　因果图法

从用自然语言书写的程序规格说明的描述中找出因(输入条件)和果(输出或程序状态的改变),可以通过因果图转换为判定表。

因果图法即因果分析图,又叫特性要因图、石川图或鱼翅图,它是由日本东京大学教授石川馨提出的一种通过带箭头的线,将质量问题与原因之间的关系表示出来,是分析影响产品质量的诸因素之间关系的一种工具。

### 4.4.1　因果图法的概念

因果图法是一种适合描述对于多种输入条件组合的测试方法,根据输入条件的组合、约束关系和输出条件的因果关系,分析输入条件的各种组合情况,从而设计测试用例的方法。它适合检查程序输入条件涉及的各种组合情况。

因果图法一般和判定表结合使用,通过映射同时发生相互影响的多个输入来确定判定条件。因果图法最终生成的就是判定表,它适合检查程序输入条件的各种组合情况。

采用因果图法能帮助我们按照一定的步骤选择一组高效的测试用例,同时,还能指出程序规范中存在什么问题,鉴别和制作因果图。

因果图法着重分析输入条件的各种组合,每种组合条件就是"因",它必然有一个输出的结果,这就是"果"。

因果图中用来表示 4 种因果关系的基本符号,如图 4-3 所示。

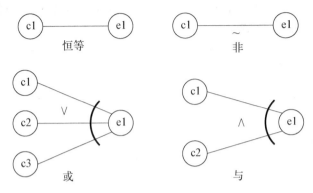

**图 4-3　因果图中的 4 种基本关系**

在因果图的基本符号中,图中的左结点 $c_i$ 表示输入状态(或称原因),右结点 $e_i$ 表示输出状态(或称结果)。$c_i$ 与 $e_i$ 取值 0 或 1,0 表示某状态不出现,1 则表示某状态出现。

> 恒等:若 c1 是 1,则 e1 也为 1,否则 e1 为 0。
> 非:若 c1 是 1,则 e1 为 0,否则 e1 为 1。
> 或:若 c1 或 c2 或 c3 是 1,则 e1 为 1,否则 e1 为 0。
> 与:若 c1 和 c2 都是 1,则 e1 为 1,否则 e1 为 0。

在实际问题中输入状态相互之间、输出状态相互之间可能存在某些依赖关系,称为"约束"。对于输入条件的约束有 E、I、O、R 四种约束,对于输出条件的约束只有 M 约束。

> E 约束(异):a 和 b 中最多有一个可能为 1,即 a 和 b 不能同时 为 1。
> I 约束(或):a、b、c 中至少有一个必须为 1,即 a、b、c 不能同时为 0。
> O 约束(唯一):a 和 b 必须有一个且仅有一个为 1。
> R 约束(要求):a 是 1 时,b 必须是 1,即 a 为 1 时,b 不能为 0。
> M 约束(强制):若结果 a 为 1,则结果 b 强制为 0。

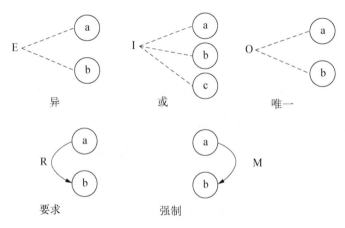

**图 4-4　因果图中的约束**

利用因果图导出测试用例一般要经过以下几个步骤:

(1) 分析软件规格说明中哪些是原因(即输入条件或输入条件的等价类),哪些是结果(即输出条件),并给每个原因和结果赋予一个标识符。

（2）分析软件规格说明中的语义，找出原因与结果之间、原因与原因之间对应的关系，根据这些关系画出因果图。

（3）由于语法或环境的限制，有些原因与原因之间、原因与结果之间的组合情况不可能出现。为表明这些特殊情况，在因果图上用一些记号表明约束或限制条件。

（4）把因果图转换为决策表。

（5）根据决策表中的每一列设计测试用例。

使用因果图法的优点：

（1）考虑到了输入情况的各种组合以及各个输入情况之间的相互制约关系。

（2）能够帮助测试人员按照一定的步骤，高效率地开发测试用例。

（3）因果图法是将自然语言规格说明转化成形式语言规格说明的一种严格的方法，可以指出规格说明存在的不完整性和二义性。

### 4.4.2 因果图法设计测试用例

【例4.6】 有某程序的规格说明要求：输入的第一个字符必须是♯或∗，第二个字符必须是一个数字，此情况下进行文件的修改；如果第一个字符不是♯或∗，则给出信息N，如果第二个字符不是数字，则给出信息M。用因果图法测试此程序。

解题步骤：

（1）分析程序的规格说明，列出原因和结果。

（2）找出原因与结果之间的因果关系、原因与原因之间的约束关系，画出因果图。

（3）将因果图转换成决策表。

（4）根据（3）中的决策表，设计测试用例的输入数据和预期输出。

具体实现如下：

（1）分析程序规格说明中的原因和结果：

| 原　因 | 结　果 |
|---|---|
| c1:第一个字符是♯ | e1:给出信息N |
| c2:第一个字符是∗ | e2:修改文件 |
| c3:第二个字符是一个数字 | e3:给出信息M |

（2）画出因果图（编号为10的中间结点是导出结果的进一步原因）：

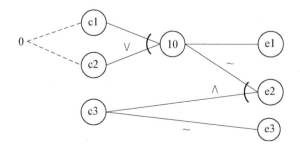

（3）将因果图转换成如下所示的决策表。

（4）根据决策表中的每一列设计测试用例。

| 测试用例编号 | 输入数据 | 预期输出 |
|---|---|---|
| 1 | ♯3 | 修改文件 |
| 2 | ♯A | 给出信息 M |
| 3 | ＊6 | 修改文件 |
| 4 | ＊B | 给出信息 M |
| 5 | A1 | 给出信息 N |
| 6 | GT | 给出信息 N 和信息 M |

# 第五章　软件测试文档及模板

与软件测试相关的工作文档主要包括测试计划、测试用例以及测试过程跟踪和测试报告。其中测试用例和测试过程跟踪即缺陷报告单是测试执行人员的工作重点文档,而测试计划和测试方案、测试报告主要由测试项目负责人员进行编辑,但是测试人员要为其提供编辑材料,如测试计划、测试方案制定过程中的个人工作进度评估,测试资源需求提出和优化建议以及最终文档的评审等,并且在此过程中熟悉文档内容,对整体项目进度有所把控,并且积累文档经验,争取有需要的时候,可以自己胜任各项文档的编辑。

在此,对工作中接触最多也最基础的测试计划、测试用例、测试缺陷报告、测试总结报告的具体样式和注意事项做如下说明。

## 5.1　测试计划

软件项目的测试计划是描述测试目的、范围、方法和软件测试的重点等的文档。对于验证软件产品的可接受程度,编写测试计划文档是一种有用的方式。详细的测试计划可以帮助测试项目组之外的人了解为什么和怎样验证产品。它非常有用但是测试项目组之外的人却很少去读它。软件测试计划作为软件项目计划的子计划,在项目启动初期是必须规划的。在越来越多公司的软件开发中,软件质量日益受到重视,测试过程也从一个相对独立的步骤越来越紧密嵌套在软件整个生命周期中,这样,如何规划整个项目周期的测试工作;如何将测试工作上升到测试管理的高度都依赖于测试计划的制定。测试计划因此也成为测试工作展开的基础。《ANSI/IEEE 软件测试文档标准 829—1983》将测试计划定义为:"一个叙述了预定的测试活动的范围、途径、资源及进度安排的文档。它确认了测试项、被测特征、测试任务、人员安排,以及任何偶发事件的风险。"软件测试计划是指导测试过程的纲领性文件,包含了产品概述、测试策略、测试方法、测试区域、测试配置、测试周期、测试资源、测试交流、风险分析等内容。借助软件测试计划,参与测试的项目成员,尤其是测试管理人员,可以明确测试任务和测试方法,保持测试实施过程的顺畅沟通,跟踪和控制测试进度,应对测试过程中的各种变更。

当今任何商业软件都包含了丰富的功能,软件测试的内容千头万绪,如何在纷乱的测试内容之间提炼测试的目标,是制定软件测试计划时首先需要明确的问题。测试目标必须是明确的,可以量化和度量的,而不是模棱两可的宏观描述。另外,测试目标应该相对集中,避免罗列出一系列目标,从而轻重不分或平均用力。根据对用户需求文档和设计规格文档的分析,确定被测软件的质量要求和测试需要达到的目标。编写软件测试计划的重要目的就是使测试过程能够发现更多的软件缺陷,因此软件测试计划的价值取决于它对帮助管理测试项目,并且找出软件潜在的缺陷。所以,软件测试计划中的测试范围必须高度覆盖功能需求,测试方法必须切实可行,测试工具必须具有较高的实用性,便于使用,生成的测试结果直观、准确。

编写软件测试计划要避免一种不良倾向是测试计划的"大而全",无所不包,篇幅冗长,长篇大论,重点不突出,既浪费写作时间,也浪费测试人员的阅读时间。"大而全"的一个常见表现就是测试计划文档包含详细的测试技术指标、测试步骤和测试用例。最好的方法是把详细的测试技术指标包含到独立创建的测试详细规格文档,把用于指导测试小组执行测试过程的测试用例放到独立创建的测试用例文档或测试用例管理数据库中。测试计划和测试详细规格、测试用例之间是战略和战术的关系,测试计划主要从宏观上规划测试活动的范围、方法和资源配置,而测试详细规格、测试用例是完成测试任务的具体战术。测试资源的变更是源自测试组内部的风险而非开发组风险,当测试资源不足或者冲突,测试部门不可能安排如此多的人手和足够时间参与测试时,在测试计划中的控制方法与测试时间不足相类似。没有测试经理愿意承担资源不足的测试工作,只能说公司本身是否具备以质量为主的体系或者项目经理对产品质量的重视程度如何决定了对测试资源投入的大小,最终产品质量取决因素不仅仅在于测试经理。为了排除这种风险,除了像时间不足、测试计划变更时那样缩减测试规模等等方法以外,测试经理必须在人力资源和测试环境一栏标出明确需要保证的资源,否则,必须将这个问题作为风险记录。

利用"5W"规则创建软件测试计划,可以帮助测试团队理解测试的目的(Why),明确测试的范围和内容(What),确定测试的开始和结束日期(When),指出测试的方法和工具(How),给出测试文档和软件的存放位置(Where)。为了使"5W"规则更具体化,需要准确理解被测软件的功能特征、应用行业的知识和软件测试技术,在需要测试的内容里面突出关键部分,可以列出关键及风险内容、属性、场景或者测试技术。对测试过程的阶段划分、文档管理、缺陷管理、进度管理给出切实可行的方法。

相应软件开发阶段可以同步进行相应的测试计划编制,而测试设计也可以结合在开发过程中实现并行,测试的实施即执行测试的活动即可连贯在开发之后。值得注意的是:单元测试和集成测试往往由开发人员承担,因此这部分的阶段划分可能会安排在开发计划而不是测试计划中。测试计划可以参考如下模板:

# 目　录

1　简介
   1.1　目的
   1.2　背景
   1.3　范围
   1.4　参考文档
2　测试需求
3　测试策略
   3.1　测试类型

测试计划写作完成后,如果没有经过评审,直接发送给测试团队,测试计划的内容可能不准确或遗漏测试内容,或者软件需求变更引起测试范围的增减,而测试计划的内容没有及时更新,误导测试执行人员。测试计划包含多方面的内容,编写人员可能受自身测试经验和对软件需求的理解所限,而且软件开发是一个渐进的过程,所以最初创建的测试计划可能是不完善的、需要更新的。需要采取相应的评审机制对测试计划的完整性、正确性、可行性进行评估。例如,在创建完测试计划后,提交到由项目经理、开发经理、测试经理、市场经理等组成的评审委员会审阅,根据审阅意见和建议进行修正和更新。测试计划改变了以往根据任务进行测试的方式,因此,为使测试计划得到贯彻和落实,测试组人员必须及时跟踪软件开发的过程,对产品提交测试做准备,测试计划的目的,本身就是强调按规划的测试战略进行测试,淘汰以往以任务为主的临时性测试。在这种情况下,测试计划中强调对变更的控制显得尤为重要。

　　测试阶段的风险主要针对上述变更所造成的不确定性,有效地应对这些变更就能降低风险发生的概率。要想计划本身不成为空谈和空白无用的纸质文档,对不确定因素的预见和事先防范必须做到心中有数。对于项目计划的变更,除了测试人员及时跟进项目以外,项目经理必须认识到测试组也是项目成员,因此必须把这些变更信息及时通知到项目组,使得整个项目得到顺延。项目计划变更一般涉及的都是日程变更,令人遗憾的是,往往为了进度的原因,交付期限是既定的,项目经理不得不减少测试的时间,这样,执行测试的时间就被压缩了。在这种情况下,测试经理常常固执地认为进度缩减的唯一的方法就是向上级通报并主观认为产品质量一定会下降,这种做法和想法不一定是正确的。

规避风险的办法可能有:

(1) 项目组的需求和实施人员参与系统测试;

(2) 抽调不同模块开发者进行交叉系统测试或借用其他项目开发人员;

(3) 组织客户方进行确认测试或发布 β 版本。

尽管上面尽可能地描述了测试计划如何制定才能"完美",但是还存在的问题是对测试计划的管理和监控。一份计划投入再多的时间去做也不能保证按照这份计划实施。好的测试计划是成功的一半,另一半是对测试计划的执行。对小项目而言,一份更易于操作的测试计划更为实用,对中型乃至大型项目来看,测试经理的测试管理能力就显得格外重要,要确保计划不折不扣地执行下去,测试经理的人际协调能力、项目测试的操作经验、公司的质量现状都能够对项目测试产生足够的影响。另外,计划也是"动态的"。不必要把所有可能的因素都囊括进去,也不必要针对这种变化额外制定"计划的计划",测试计划制定不能在项目开始后束之高阁,而是紧追项目的变化,实时进行思考和贯彻,根据现实修改,然后成功实施,这才能实现测试计划的最终目标——保证项目最终产品的质量。

## 5.2 测试用例

软件测试的重要性是毋庸置疑的,但如何以最少的人力、资源投入,在最短的时间内完成测试,发现软件系统的缺陷,保证软件的优良品质,则是软件公司探索和追求的目标。每个软件产品或软件开发项目都需要有一套优秀的测试方案和测试方法。

影响软件测试的因素很多,例如软件本身的复杂程度、开发人员(包括分析、设计、编程和测试的人员)的素质、测试方法和技术的运用等等。因为有些因素是客观存在的,无法避免。有些因素则是波动的、不稳定的,例如开发队伍是流动的,有经验的人走了,新人不断补充进来;一个具体的人工作也受情绪等影响,等等。如何保障软件测试质量的稳定? 有了测试用例,无论是谁来测试,参照测试用例实施,都能保障测试的质量,可以把人为因素的影响减少到最小。即便最初的测试用例考虑不周全,随着测试的进行和软件版本更新,也将日趋完善。因此测试用例的设计和编制是软件测试活动中最重要的部分,是软件测试的核心。测试用例是测试工作的指导,是软件测试的必须遵守的准则,更是软件测试质量稳定的根本保障。

测试用例(test case)是为某个特殊目标而编制的一组测试输入、执行条件以及预期结果,以便测试某个程序路径或核实是否满足某个特定需求。

编写测试用例的方法主要依据白盒技术和黑盒技术。白盒测试是结构测试,所以被测对象基本上是源程序,以程序的内部逻辑为基础设计测试用例。采用白盒技术设计测试用例的方法有逻辑覆盖、循环覆盖和基本路径测试,其中逻辑覆盖包括语句覆盖、判定覆盖、条件覆盖、判定/条件覆盖、条件组合覆盖和路径覆盖。黑盒测试也称功能测试或数据驱动测试,它是在已知产品所应具有的功能,着眼于程序外部结构、不考虑内部逻辑结构、针对软件界面和软件功能进行测试。采用黑盒技术设计测试用例的方法有等价类、边界值、错误推测、因果图、判定表、正交实验、场景法等。通常测试用例的设计是多种方法结合的产物,在测试用例中体现的是方法组合后的最优化。测试用例设计的目的是指导测试工作的进行,保证测试的规范化、可重复化和易于管理。测试用例的格式多样,但是包含的要素大体相同,以本教材中使用的用例模板为例进行具体讲解。

通常测试用例包含的要素有用例编号、用例名称、测试模块、测试负责人、测试用例概述、测试优先级、测试步骤及详细描述、测试预期结果等部分组成。由于测试用例往往需要结合不同的测试管理工具来使用,测试用例模板中的项目可能会有个别差异。例如,使用QC进行测试项目的管理,测试用例编号会自动生成,故此未在测试用例中体现;有的软件则需自定义测试用例编号,如开源软件 Testlink。

(1)测试用例名称

如表5-1所示,一般会按照子系统_子模块_测试要点_编号的格式来编写,举例来说,比如:存款(子系统)_通知存款_7天通知存款取款_01,可以根据不同的测试模块进行梯度的适当调整,但要保持用例格式的整体一致性。

(2)项目/软件

被测的项目/软件名称。

(3)测试模块

功能模块名。

(4)测试负责人

如实填写该测试用例的执行人,通常是用例设计者。否则测试用例的设计者和执行者都要标识,确保发生问题时能够定位测试问题原因。

表 5-1 测试用例模板

| 项目/软件 | 工程管理系统案例研究项目 | | 程序版本 | | 1.0.0 | |
|---|---|---|---|---|---|---|
| 功能模块 | Login | | 编制人 | 吕乐、刘星 | 编制时间 | 2016-2-22 |
| 用例名称 | Project_MA_Login_1 | | 测试优先级 | | 中 | |
| 相关用例 | Project_MA_Main_1、Project_MA_Interface_1、Project_MA_Priority_1 | | | | | |
| 测试用例概述 | 系统的初始窗体,并进行用户的合法性验证 | | | | | |
| 测试目的 | 验证是否输入合法的信息,阻止非法登陆,以保证系统的安全特性 | | | | | |
| 预置条件 | 数据库中存储了一些用户信息 | | 特殊规程说明 | | 区分大小写 | |
| 参考信息 | 需求说明中关于"登录"的说明 | | | | | |
| 测试数据 | 用户名= administrator 密码= 1001(数据库表中有相应的信息) | | | | | |

| 操作步骤 | 操作描述 | 预期结果 | 测试结果 | 测试日期 | 对应的问题编号 | 测试者 |
|---|---|---|---|---|---|---|
| 1 | 1. 输入正确的用户名"administrator" 2. 输入正确的密码"1001" 3. 点击"登录"按钮 | 成功登录系统 | OK | 2016.4.28 | | 吕乐 |
| 2 | 1. 输入正确的用户名"administrator" 2. 输入错误的密码"1034d1" 3. 点击"登录"按钮 | 弹出提示信息"您输入的密码错误!" | OK | 2016.4.29 | | 刘星 |
| 3 | 1. 输入错误的用户名"admdddd" 2. 输入正确的密码"1001" 3. 点击"登录"按钮 | 弹出提示信息"您输入的用户名错误!" | OK | 2016.4.30 | | 刘星 |
| 4 | 1. 输入用户名为空 2. 输入正确的密码"1001" 3. 点击"登录"按钮 | 弹出提示信息"用户名为空!" | NG | 2016.4.31 | DE_Project_MA_Login_1 | 吕乐 |

（5）测试用例概述

以精简、准确的语言描述测试用例所要进行的测试的内容,通常格式是验证×××即验证某种承接测试用例名称的情景、功能等。比如本例中的用例名称指出测试登录窗体,则测试要点可以为用户的合法性验证。通常一个小的功能点需要一组用例来测试,一组用例中的一系列个体分别验证不同情景。一般是一个正常交易情景配合多个异常情景的处理,采用正反用例的模式确保测试用例对测试功能点的覆盖。

（6）预置条件

本用例的前置条件,即执行本用例必须要满足的条件,如对数据库的访问权限。

（7）参考信息

测试用例的参考信息(便于跟踪和参考)。

（8）相关用例

本测试用例与其他测试用例间的依赖关系。

（9）测试步骤描述

根据测试对象的不同,测试步骤描述也不同。通常在步骤描述中标明测试是怎么样进行的,在哪里进行,输入什么要素以及输入内容的注意事项等。测试步骤描述是测试用例的重点,好的描述清晰简洁,可重用性高,能够帮助定位问题,解决问题。在测试步骤描述中按照测试用例的执行顺序写出测试执行的具体过程,并在异常用例的测试步骤描述中对异常输入的验证带入。需要对测试对象测试用例具有良好的整体理解,结合自身经验来保证测试进行的完备。一般的验证性测试如简单的查询,文件的正常导入等,可以不进行太细致的步骤描述,用例执行者结合操作界面就能较好地完成测试,但是,专门针对各种输入数据的验证就需要在测试用例步骤描述中详细说明输入数据,必要时要添加数据使用备注。

（10）测试预期结果

预期结果是对测试用例执行后的测试表现的预测，是评定测试是否通过的重要依据。测试预期一定要明确、唯一，使用用语也要通俗易懂。测试用例和测试需求的关联性强，并且相互过度。测试需求设计得越详细，测试需求的工作量加大，但是利于测试用例的编写，甚至直接转化为测试用例。具体操作掌控的尺度要结合实际需要。

## 5.3　测试缺陷报告单

缺陷报告单用于记录测试用例执行过程中及相关测试过程中发现的问题，结合测试平台工具进行测试问题的统计分析和产品质量评估等。测试缺陷报告记录单的样式也是多样的。

测试缺陷报告单中通常包含的要素有缺陷 ID、摘要介绍、问题描述、主题、缺陷类型、缺陷严重程度、提出人、处理人、提出时间、解决时间以及缺陷的最终状态等。其中问题描述是缺陷记录的重点，比较能表明测试缺陷记录的质量。

表 5－2　缺陷报告单模板

| ××系统测试缺陷跟踪汇总表 | | | | | | | | | | | | | | 文档编号：××-××-××<br>保密级别： |
|---|---|---|---|---|---|---|---|---|---|---|---|---|---|---|
| 缺陷状态 | 缺陷用例编号 | 问题描述 | 错误级别 | 操作步骤 | 预期输出 | 错误输出 | 提交日期 | 提出人 | 处理人 | 处理决定 | 计划处理日期 | 确认人 | 确认日期 | |
| | bug-001 | 大模块名≫小模块名≫功能页面名-错误的简单描述 | | 1<br>2<br>3<br>4<br>5<br>6 | | | | | | | | | | |
| | bug-002 | | | 1<br>2<br>3<br>4<br>5<br>6 | | | | | | | | | | |

（1）缺陷 ID

由结合的测试管理工具，如 QC 一类的软件在导入时形成，或者按照一定规则自定义，通常可以用测试缺陷产生位置（即测试用例中描述的主题位置）字母缩写＋数字序号的方式表示，如 CKJY01，即存款交易第一个缺陷。

（2）问题描述

简要描述缺陷问题，对缺陷做初步的定义。

（3）缺陷主题

缺陷主题用来标记缺陷产生的位置，便于缺陷分类。一般要与用例表述一致。

（4）操作步骤、预期输出、错误输出

缺陷问题详细描述是测试缺陷报告单中的重点，最能体现缺陷提交的质量。

在缺陷描述中要注明缺陷产生的操作背景，即在进行怎样的特定操作时出现的该缺陷问题，接下来就要将缺陷重现。具体的输入步骤，输入内容，操作方式等都要条理清晰地列出，然后写明预期结果（参照用例）和实际结果，使缺陷通俗易懂。最好再写明缺陷产生的原因预测，便于开发人员定位解决问题。

（5）提出人、处理人、提出时间、解决时间

这些是用于统计、跟踪缺陷解决状态的重要标尺，按照实际情况填写即可。

（6）缺陷类型

产生的缺陷所属类型，一般包括功能问题、性能问题的大类及数据、通信、界面、易用性等具体分类。按照实际情况依据标准分析判定。

（7）缺陷级别

判定缺陷严重程度，是缺陷解决优先级的重要判定依据之一。通常按照问题严重性由高到低的顺序降序排列，即一级缺陷为最高（有时也表示为 A 级）缺陷。简单地，可以将缺陷定义为四级：

① 致命错误：由于程序所引起的死机，非法退出，死循环，数据库死锁，因错误操作导致的程序中断，功能错误，与数据库连接错误，数据通信错误等；

② 严重错误：程序错误，程序接口错误，数据库的表、业务规则、缺省值未加完全约束条件等；

③ 告警错误：操作界面错误，打印内容、格式错误，简单为输入限制未放在前台控制，删除操作未有提示，数据库表中有过多的空字段等；

④ 建议性错误：界面不规范，辅助说明描述不清楚，输入输出不规范，长操作未给用户提示，提示窗口文字未使用行业术语等。

结合工作经验和适当讨论，合理定义缺陷级别。

（8）缺陷状态

通常地，缺陷状态包括新建、打开、已修复、已关闭、拒绝、重新打开、延迟等各种情景，依据项目实际适当定义。缺陷的最终状态为关闭，但是特殊情况下延迟等状态也可以作为一定阶段的最终状态。

## 5.4 测试总结报告

测试报告是测试过程中必不可少的一部分，因为它记录了测试结果及其分析，可以作为一个总结性的报告，提供给被测方中层和高层管理者以及客户，或者作为一个详细报告，经过编辑和整理，作为反馈文档提供给开发小组成员。测试报告可以参考如下模板：

# 目　录

这些报告都应该有标准的表现格式,能够被编辑并且可以转换成每一个单独的测试项目报告。可以使用 RUP 文档中的报告模板,也可以创建自己的模板,也可以在互联网上找到测试报告的模板和例子。

在报告中很重要的一项就是缺陷跟踪信息。缺陷跟踪报告可以使用工具如微软 Excel 独立产生,缺陷信息也必须分别包含在总结性的测试评价报告和详细的测试评价报告中。缺陷跟踪信息必须包含一个已知缺陷列表,这个列表中的缺陷还没有被解决而且在软件发布之前应包含在软件中。列表中的信息应该以严重程度来分组,这类信息有助于做出智能的发布决策,并且在软件正式投产后有助于用户对产品的使用。

# 第六章 软件测试过程

## 6.1 软件测试与软件开发的关系

软件测试作为软件开发过程中不可或缺的工作内容,对软件开发的质量控制起到了至关重要的作用。所有的产品在生产过程中都需要经过各项检验,软件开发是为了生产软件产品,软件测试是为了检验软件产品的质量。其关系可以概括为:

(1) 没有软件开发就没有测试,软件开发提供软件测试的对象;

(2) 软件开发和软件测试都是软件生命周期中的重要组成部分;

(3) 软件开发和软件测试都是软件过程中的重要活动;

(4) 软件测试是保证软件开发产物质量的重要手段。

软件测试各阶段工作内容在软件开发生命周期各阶段中的对应关系可以用 V 模型图来表示,如图 6-1 所示。

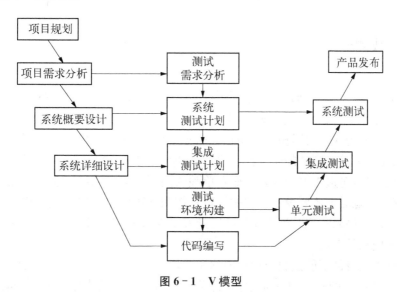

图 6-1 V 模型

## 6.2 单元测试

单元测试是对软件中的基本组成单位(函数或类)进行测试,检验函数或类的正确性(包括功能正常,输出正确)。单元测试通常由程序员来完成,测试的依据通常是详细设计说明书以及源代码。

一般来说,单元测试用例的编写最早可以在设计评审完成后就启动,和编码可以同时进行。但如果在时间允许的情况下,单元测试用例的编写可以在编码后进行,这样能更好地覆盖代码的各个分支。若是以设计文档为唯一的编写依据,那么对于代码走读时发现的缺陷将在用例评审中被再次发现,造成重复劳动,用例的维护期也将提前开始。

单元测试用例编写的目的是函数覆盖,覆盖的方法有语句覆盖、分支覆盖、条件覆盖、条件组合覆盖和路径覆盖等。为了以最少的资源做最多的测试检查,首选路径覆盖的方法。路径覆盖是设计足够的测试用例,运行所测程序并覆盖程序中所有可能的路径。

单元测试的一般步骤如下:

通常单元测试在编码阶段进行。在源程序代码编制完成,经过评审和验证,确认没有语法错误之后,就开始进行单元测试的测试用例设计。利用设计文档,设计可以验证程序功能、找出程序错误的多个测试用例。对于每一组输入,应有预期的正确结果。

模块并不是一个独立的程序,在考虑测试模块时,同时要考虑它和外界的联系,用一些辅助模块去模拟与被测模块相联系的其他模块。这些辅助模块分为两种:

驱动模块:相当于被测模块的主程序。它接收测试数据,把这些数据传送给被测模块,最后输出实测结果。

桩模块:用以代替被测模块调用的子模块。桩模块可以做少量的数据操作,不需要把子模块所有功能都带进来,但不允许什么事情也不做。

被测模块、与它相关的驱动模块及桩模块共同构成了一个"测试环境"。

## 6.3 集成测试

集成测试是软件系统在集成过程中所进行的测试。其主要目的是检查软件单位之间的接口是否正确。其接口主要包括通信协议、调用关系、与文件或数据库等第三方中间件的交互。

集成测试用例的编写要紧扣与程序相关的各个接口,使每类接口的数据流或控制流均通过接口,从而实现接口测试的完全性。注意:对同一数据流要分别进行正确数据流与错误数据流的用例设计,对边界值的输入最好有单独的用例。集成测试还应关注接口的性能问题,根据系统的性能需求还要设计相关的接口性能测试用例。集成测试的执行主要是借助测试工具——桩程序来实现。桩程序的编写最好由他人来完成,以防止一个人对接口定义理解有偏差而使意外发生。

所有的软件项目都不能摆脱系统集成这个阶段。不管采用什么开发模式,具体的开发工作总得从一个一个的软件单元做起,软件单元只有经过集成才能形成一个有机的整体。具体的集成过程可能是显性的也可能是隐性的。只要有集成,总是会出现一些常见问题,工程实践中,集成测试几乎不存在软件单元组装过程中不出任何问题的情况。集成测试需要花费的时间远远超过单元测试,直接从单元测试过渡到系统测试是极不妥当的做法。

集成测试的必要性还在于一些模块虽然能够单独地工作,但并不能保证连接起来也能正常工作。程序在某些局部反映不出来的问题,有可能在全局上会暴露出来,影响功能的实现。此外,在某些开发模式中,如迭代式开发,设计和实现是迭代进行的。在这种情况下,集成测试的意义还在于它能间接地验证概要设计是否具有可行性。

### 6.3.1　集成测试的定义

集成测试叫组装测试、联合测试、子系统测试或部件测试,集成测试是在单元测试的基础上,将所有模块按照概要设计的要求组装成子系统或系统,进行集成测试。集成测试侧重于模块间的接口正确性以及集成后的整体功能的正确性。

### 6.3.2　集成测试三个层次

1. 模块内的集成测试(接近白盒)
2. 子系统内的集成测试(灰盒)
3. 子系统间的集成测试(接近黑盒)

### 6.3.3　集成测试的模式

1. 非增式集成测试(一次性集成测试)

各个单元模块经过单元测试之后,一次性组装成完整的系统,如图 6-2 所示。
优点:集成过程很简单。
缺点:出现集成问题时,查找问题比较麻烦,而且测试容易遗漏。

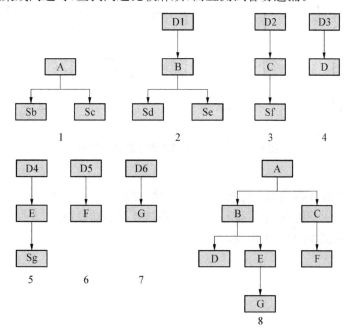

图 6-2　非增式集成测试示意图

2．增式集成测试

（1）自顶向下

① 纵向优先

从最顶层开始测试，需要写桩模块。测试的顺序：从跟节点开始，每次顺着某枝干到该枝干的叶子节点添加一个节点到已测试好的子系统中，接着再加入另一枝干的节点，直到所有节点集成到系统中。

纵向优先的范例如图6-3所示。

② 横向优先

跟纵向优先的区别在于：每次并不是顺着枝干走到叶子，而是逐一加入它的直属子节点。

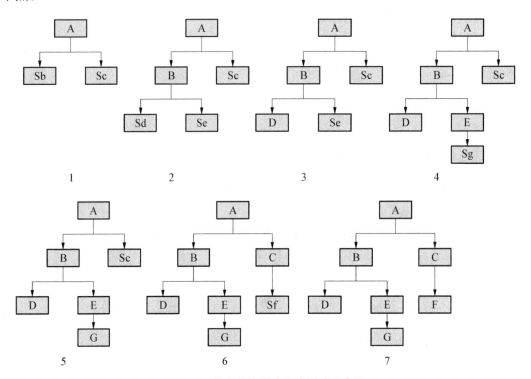

图6-3　纵向优先增式集成测试示意图

（2）自底向上

每次从叶子节点开始测试，测试过的节点摘掉，然后把树上的叶子节点摘下来加入已经测试好的子系统之中。优点：不需要写桩模块，但需要写驱动模块。

自底向上的范例如图6-4所示。

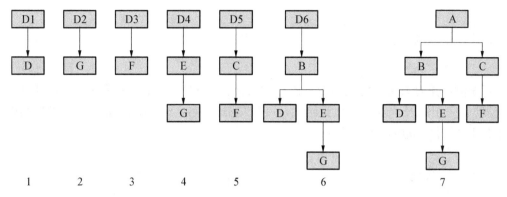

图 6 - 4　自底向上增式集成测试示意图

### 6.3.4　集成测试的组织和实施

集成测试是一种正规测试过程,必须精心计划,并与单元测试的完成时间协调起来。在制定测试计划时,应考虑如下因素:

(1) 是采用何种系统组装方法来进行组装测试;

(2) 组装测试过程中连接各个模块的顺序;

(3) 模块代码编制和测试进度是否与组装测试的顺序一致;

(4) 测试过程中是否需要专门的硬件设备。

解决了上述问题之后,就可以编制集成测试计划表,标明每个模块单元测试完成的日期、首次集成测试的日期、集成测试全部完成的日期以及需要的测试用例和所期望的测试结果。

在缺少软件测试所需要的硬件设备时,应检查该硬件的交付日期是否与集成测试计划一致。例如,若测试需要数字化仪和绘图仪,则相应测试应安排在这些设备能够投入使用之时,并需要为硬件的安装和交付使用保留一段时间,以留下时间余量。此外,在测试计划中需要考虑测试所需软件(驱动模块、桩模块、测试用例生成程序等)的准备情况。

### 6.3.5　集成测试的完成标准

可按以下几个方面检查来判定集成测试过程的完成:

(1) 成功地执行了测试计划中规定的所有集成测试;

(2) 修正了所发现的错误;

(3) 测试结果通过了专门小组的评审。

集成测试应由专门的测试小组来进行,测试小组由有经验的系统设计人员和程序员组成。整个测试活动要在评审人员出席的情况下进行。

在完成预定的组装测试工作之后,测试小组应负责对测试结果进行整理、分析,形成测试报告。测试报告中要记录实际的测试结果、在测试中发现的问题、解决这些问题的方法以及解决之后再次测试的结果。此外还应提出目前不能解决、还需要管理人员和开发人员注意的一些问题,提供测试评审和最终决策,以提出处理意见。

## 6.4 系统测试

系统测试是对系统所提供的业务流程进行测试,同时关注软件的强壮性和易用性等。系统测试应该由若干个不同的测试组成,其目的是充分地运行系统,验证系统各部件是否都能正常工作,并完成所赋予的任务。

### 6.4.1 系统测试定义

系统测试是将已经集成好的软件系统,作为整个计算机系统的一个元素,与计算机硬件、外设、某些支持软件、数据和人员等其他系统元素结合在一起,在实际运行使用的环境下,对计算机系统进行系列的测试活动。

### 6.4.2 系统测试的目标

(1) 确保系统测试的活动是按计划进行的;
(2) 验证软件产品是否与系统需求用例不相符合或与之矛盾;
(3) 建立完善的系统测试缺陷记录跟踪库;
(4) 确保软件系统测试活动及其结果及时通知相关小组和个人。

### 6.4.3 系统测试的方针

(1) 为项目指定一个测试工程师负责贯彻和执行系统测试活动;
(2) 测试组向各事业部总经理/项目经理报告系统测试的执行状况;
(3) 系统测试活动遵循文档化的标准和过程;
(4) 向外部用户提供经系统测试验收通过的预部署及技术支持;
(5) 建立相应项目的缺陷(bug)库,用于系统测试阶段项目不同生命周期的缺陷记录和缺陷状态跟踪;
(6) 定期对系统测试活动及结果进行评估,向各事业部经理/项目办总监/项目经理汇报/提供项目的产品质量信息及数据。

### 6.4.4 系统测试工作流程

以下为系统测试的参考工作流程:
(1) 软件项目立项,软件项目负责人将项目启动情况通报给测试组长,测试组长指定测试工程师对该项目进行系统测试跟进和执行。
(2) 测试工程师首先参与前期的需求分析活动、前景评审、业务培训、SRS评审。目的是了解系统业务及范围、了解软件需求及范围,验证需求可测性。并将所有收集到的测试需求汇总并输出到《测试需求管理表》中。

（3）测试工程师根据测试需求定义测试策略，并进行工作量估计。

（4）测试工程师根据测试需求制定测试策略和方法；系统测试工程师参与项目计划和SDP评审，依据项目计划（或周计划），编制《系统测试计划》。

（5）测试组长周期性地根据事业部项目的测试情况，进行总体测试工作量估计并进行测试任务分派。

（6）测试工程师组织《系统测试计划》评审，测试组长根据评审意见审批《系统测试计划》。

（7）测试工程师根据《系统测试计划》中的测试环境要求搭建测试环境。特殊技术要求需要项目组及其他相关职能部门的配合。

（8）测试工程师检查测试设计入口条件；根据《用例规约》《补充规约》《界面原型》《词汇表》进行测试用例设计。

（9）测试工程师组织《系统测试用例》评审，测试组长根据评审意见审批《系统测试用例》。

（10）测试工程师定义系统测试用例执行过程，并更新《系统测试用例》。

（11）测试工程师检查测试执行入口条件，从受控库获取测试版本，执行系统测试并记录测试结果。

（12）系统测试进入产品稳定期，由测试工程师召开缺陷评审会议；测试工程师对整个系统测试过程进行总结和评价，形成《软件缺陷清单》《系统测试评估摘要》《系统测试总结报告》，并将系统测试过程的文档报送给项目组和测试组长。测试组长每月初（或事件驱动）汇总、整编上月的《产品质量简报》，报送给事业部总经理和项目办。

（13）如果根据系统测试结果，产品得以批准通过，系统测试工程师卸载被测软件，进行环境初始化，系统测试结束，转入验收测试阶段；否则视批示意见进行。

## 6.4.5　系统测试的设计

为了保证系统测试质量，必须在测试设计阶段就对系统进行严密的测试设计。这就需要我们在测试设计中，从多方面来综合考虑系统规格的实现情况。通常需要从以下几个层次来进行设计：用户层、应用层、功能层、子系统层、协议层，见表6-1。

表6-1　系统测试的设计层次

| 层　次 | 说　明 |
|---|---|
| 用户层 | 主要是面向产品最终的使用操作者的测试。这里重点突出的是在操作者角度上，测试系统对用户支持的情况，用户界面的规范性、友好性、可操作性，以及数据的安全性。 |
| 应用层 | 针对产品工程应用或行业应用的测试。重点站在系统应用的角度，模拟实际应用环境，对系统的兼容性、可靠性、性能等进行的测试。 |
| 功能层 | 针对产品具体功能实现的测试。主要包括业务功能的覆盖、业务功能的分解、业务功能的组合、业务功能的冲突。 |
| 子系统层 | 针对产品内部结构性能的测试。关注子系统内部的性能，模块间接口的瓶颈。 |
| 协议/指标层 | 针对系统支持的协议、指标的测试。主要包括协议一致性测试、协议互通测试。 |

几种常见的系统测试方法如下：

### 1. 正确性测试

正确性测试检查软件的功能是否符合规格说明。

正确性测试的方法：

枚举法，即构造一些合理输入，检查是否得到期望的输出。测试时应尽量设法减少枚举的次数，关键在于寻找等价区间，因为在等价区间中，只需用任意值测试一次即可。

边界值测试，即采用定义域或者等价区间的边界值进行测试。因为程序设计容易疏忽边界情况，程序也容易在边界值处出错。

### 2. 可靠性测试

可靠性测试是从验证的角度出发，检验系统的可靠性是否达到预期的目标，同时给出当前系统可能的可靠性增长情况。

对可靠性测试来说，最关键的测试数据包括失效间隔时间，失效修复时间，失效数量，失效级别等。根据获得的测试数据，应用可靠性模型，可以得到系统的失效率及可靠性增长趋势。

可靠性指标有时很难确定，通常采用平均无故障时间或系统投入运行后出现的故障不能大于多少数量这些指标来对可靠性进行评估。

### 3. 安全测试

安全测试检查系统对非法侵入的防范能力。安全测试期间，测试人员假扮非法入侵者，采用各种办法试图突破防线。例如，想方设法截取或破译口令；专门制定软件破坏系统的保护机制；故意导致系统失败，企图趁恢复之机非法进入；试图通过浏览非保密数据，推导所需信息，等等。理论上讲，只要有足够的时间和资源，没有不可进入的系统。因此系统安全设计的准则是，使非法侵入的代价超过被保护信息的价值。此时非法侵入者已无利可图。

### 4. 兼容性测试

软件兼容性测试是检测各软件之间能否正确地交互和共享信息，其目标是保证软件按照用户期望的方式进行交互，使用其他软件检查软件操作的过程。

兼容性的测试通常需要解决以下问题：

新开发的软件需要与哪种操作系统、Web 浏览器和应用软件保持兼容，如果要测试的软件是一个平台，那么要求应用程序能在其上运行。

应该遵守哪种定义软件之间交互的标准或者规范。

软件使用何种数据与其他平台、与新的软件进行交互和共享信息。

### 5. 性能测试

对于那些实时和嵌入式系统，软件部分即使满足功能要求，也未必能够满足性能要求，虽然从单元测试起，每一测试步骤都包含性能测试，但只有当系统真正集成之后，在真实环境中才能全面、可靠地测试运行性能，系统性能测试是为了完成这一任务。性能测试有时与强度测试相结合,经常需要其他软硬件的配套支持。

## 6. 恢复测试

恢复测试主要检查系统的容错能力。当系统出错时,能否在指定时间间隔内修正错误并重新启动系统。恢复测试首先要采用各种办法强迫系统失败,然后验证系统是否能尽快恢复。对于自动恢复需验证重新初始化(reinitialization)、检查点(checkpointing mechanisms)、数据恢复(data recovery)和重新启动(restart)等机制的正确性;对于人工干预的恢复系统,还需估测平均修复时间,确定其是否在可接受的范围内。

## 7. 强度测试

强度测试检查程序对异常情况的抵抗能力。强度测试总是迫使系统在异常的资源配置下运行。例如,当中断的正常频率为每秒一至两个时,运行每秒产生十个中断的测试用例;定量地增长数据输入率,检查输入子功能的反应能力;运行需要最大存储空间(或其他资源)的测试用例;运行可能导致虚存操作系统崩溃或磁盘数据剧烈抖动的测试用例,等等。

## 8. 容量测试

容量测试使测试对象处理大量的数据,以确定是否达到了将使软件发生故障的极限。容量测试还将确定测试对象在给定时间内能够持续处理的最大负载或工作量。例如,如果测试对象正在为生成一份报表而处理一组数据库记录,那么容量测试就会使用一个大型的测试数据库。检验该软件是否正常运行并生成了正确的报表。

# 第七章　单元测试实训

## 7.1　岗位场景

现有某多媒体应用开发项目已进入编码阶段,根据该项目的详细设计说明书,程序员完成了 MyMidi 类的模块开发工作,MyMidi 类提供了对已安装的 MIDI(音乐设备数字接口)系统资源的访问,包括诸如 Synthesizer、Sequencer 和 MIDI 输入和输出端口等数字乐器设备,该类还有用于读取那些包含了标准 MIDI 文件数据或音库的文件、流和 URL 的方法,也可以使用 MyMidi 类获得指定 MIDI 文件的格式。用单元测试完成对 MyMidi 类的测试,检验该类的正确性。

单元测试工作通常由程序员进行,也可由测试员来完成。本次测试要求验证一个类作为模块是否满足该类(或称模块)设计要求。单元测试中的模块往往无法独立运行,在进行动态测试时,要求测试人员根据需要编写桩代码来运行模块。

## 7.2　模块设计结构分析

单元测试的主要依据是软件详细说明书和代码,根据详细设计说明书,被测试模块 MyMidi 类的设计要求如下:

(1) 封装包 javax. sound. midi 中的部分功能。

(2) 能够提供打开和关闭合成器、选择通道、选择乐器、输出音符的功能。

具体的属性和方法描述见表 7 - 1。

表 7 - 1　MyMidi 类设计要求

| 访问控制 | 属性 | 类型 | 描述 |
| --- | --- | --- | --- |
| protected | synthesizer | Synthesizer | 合成器 |
| protected | instruments[] | Instrument | 乐器列表 |
| protected | channels[] | MidiChannel | 通道列表 |
| protected | soundbank | Soundbank | 音色库 |

| 访问控制 | 方法 | 描 述 |
|---|---|---|
| public | void Close() | 打开合成器 |
| public | boolean Open() | 关闭合成器 |
| public | Instrument getAvlInstruments() | 返回可用乐器列表 |
| public | int getAvlChannels() | 返回可用通道数 |
| public | void playNoteOn(int nChannel, int nNote, int nVol) | 播放音符,nChannel 是通道号(0~15),nNote 是音符号(60 是中央音 C),nVol 是打击力度(0~127) |
| public | void playNoteOff(int nChannel, int nNote, int nVol) | 停止音符,nChannel 是通道号(0~15),nNote 是音符号(60 是中央音 C),nVol 是停止速度(0~127) |
| public | void changeInstrument (int nChannel, int nInstruNum) | 改变通道的音色,nChannel 为通道号,nInstrument 为乐器编号 |

MyMidi 类模块代码实现如下:

```java
import javax.sound.midi. * ;
import java.io. * ;
public class MyMidi {
protected Synthesizer synthesizer;
    protected Instrument instruments[];
    protected MidiChannel channels[];
    protected Soundbank soundbank ;
    public boolean Open() {
        try {
            if (synthesizer == null) {
                if ((synthesizer = MidiSystem.getSynthesizer()) == null) {
                    System.out.println("getSynthesizer() failed!");
                    return false;
                }
            }
            synthesizer.open();
        } catch (Exception ex) { ex.printStackTrace(); return false; }
        soundbank = synthesizer.getDefaultSoundbank();
        if (soundbank != null) {
            instruments = synthesizer.getAvailableInstruments();
        }
        else
            return false;
        channels = synthesizer.getChannels();
        return true;
```

```
        }

    public void Close() {
        if (synthesizer != null) {
            synthesizer.close();
        }
        synthesizer = null;
        instruments = null;
        soundbank = null;
    }
    public Instrument[] getAvlInstruments(){

        if(synthesizer.isOpen()){
                return instruments;
        }
                return null;

    }

    public int getAvlChannels(){
        if(synthesizer.isOpen())
                return channels.length;
        return 0;
    }

    public void playNoteOn(int nChannel,int nNote,int nVol){
     if(synthesizer.isOpen())
                channels[nChannel].noteOn(nNote, nVol);
    }
    public void playNoteOff(int nChannel,int nNote,int nVol){
     if(synthesizer.isOpen())
                channels[nChannel].noteOff(nNote, nVol);
    }
    public void changeInstrument(int nChannel,int nInstruNum){
     if(synthesizer.isOpen())
                channels[nChannel].programChange(nInstruNum);
    }
}
```

## 7.3 测试用例设计

根据以上分析,设计以下用例,其覆盖率为 100%:

| 用例编号 | 描述 | 输入 | 期望输出 | 实际输出 |
|---|---|---|---|---|
| 1 | 查询乐器列表 | 无 | 可用乐器列表 | |
| 2 | 查询通道数 | 无 | 可用通道数 | |
| 3 | 播放低阶音符序列 | 低阶音符序列 | 扬声器播放音阶音频 | |
| 4 | 播放中阶音符序列 | 中阶音符序列 | 扬声器播放音阶音频 | |
| 5 | 播放高阶音符序列 | 高阶音符序列 | 扬声器播放音阶音频 | |

## 7.4 编写桩代码

根据以上用例设计,完成测试代码如下:

```
import javax.sound.midi.*;
import java.io.*;
public class Test
{
    public static void main(String[] args) throws Throwable {


        //测试数据
        Instrument[] instrument;
        int nChannel = 0;
        int[] notes2 = {72,74,76,77,79,81,83,84};//高阶音符序列
        int[] notes1 = {60,62,64,65,67,69,71,72};//中阶音符序列
        int[] notes0 = {48,50,52,53,55,57,59,60};//低阶音符序列

        MyMidi mymidi = new MyMidi();
        mymidi.Open();

        //用例1 查询乐器列表
        instrument = mymidi.getAvlInstruments();
```

```
for(int i = 0;i<instrument.length;i++)
    System.out.println(instrument[i].toString());
//用例2 查询通道数
nChannel = mymidi.getAvlChannels();
System.out.println("Number of Channels:" + nChannel);


//用例3 播放低阶音符序列
for(int i = 0;i<notes0.length;i++)
{
        mymidi.playNoteOn(0, notes0[i], 127);
Thread.sleep(500);
mymidi.channels[0].noteOff(notes0[i],1);
Thread.sleep(200);
}


//用例4 播放中阶音符序列
for(int i = 0;i<notes1.length;i++)
{
        mymidi.playNoteOn(0, notes1[i], 127);
Thread.sleep(500);
mymidi.channels[0].noteOff(notes1[i],1);
Thread.sleep(200);
}



//用例5 播放高阶音符序列
for(int i = 0;i<notes2.length;i++)
{
        mymidi.playNoteOn(0, notes2[i], 127);
Thread.sleep(500);
mymidi.channels[0].noteOff(notes2[i],1);
Thread.sleep(200);
}
}


}
```

## 7.5　测试环境

| 软件环境 | 版本 |
|---|---|
| JDK | >1.5 |
| MyEclipse | >8.0 |
| 开发机器 OS | Windows XP、Windows 7 |
| 硬件环境 | 要求 |
| CPU | Pentium 及以上 |
| 内存 | 1G 以上 |
| 声卡 | 支持 MIDI |
| 多媒体音箱(或耳机) | 双声道 |

# 第八章 集成测试实训

## 8.1 岗位场景

现有名为 SNAKE 的贪吃蛇游戏软件项目要求所开发软件实现规定的游戏功能,软件项目已进入实现阶段,各软件模块及其单元测试已完成,模块的集成也基本完成。该游戏软件的规则如下:

用上、下、左、右方向键控制蛇的方向,指引蛇寻找吃的东西,每吃一口就能得到一定的积分,而且蛇的身体会越吃越长,蛇身体越长玩的难度就越大。蛇在运动中不能碰墙,也不能咬到自己的身体,更不能咬自己的尾巴,等获得了一定的分数,就能过关,然后继续玩下一关。

软件测试人员在集成测试阶段主要工作为:

(1) 以一定的顺序将该软件的各模块连接起来,检查模块相互调用时,数据的传递是否异常;

(2) 按顺序将各个子功能组合起来,检查能否达到预期要求的各项功能;

(3) 一个模块的功能是否会对另一个模块的功能产生不利的影响;

(4) 系统数据结构是否有问题,会不会被异常修改;

(5) 单个模块的误差积累起来,是否被放大,从而达到不可接受的程度。

## 8.2 制定软件集成测试计划

### 8.2.1 确定模块集成策略

集成测试所依据的文档主要是软件概要设计说明书以及详细设计说明书,概要设计说明书是概要设计阶段的工作成果,它说明功能分配、模块划分、程序的总体结构、输入输出以及接口设计、运行设计、数据结构设计和出错处理设计等,为详细设计奠定基础。

本项目的集成测试计划根据软件的详细设计说明书,根据模块之间的关系使用以非增式集成测试的测试策略,各模块的关系如图 8-1 所示。

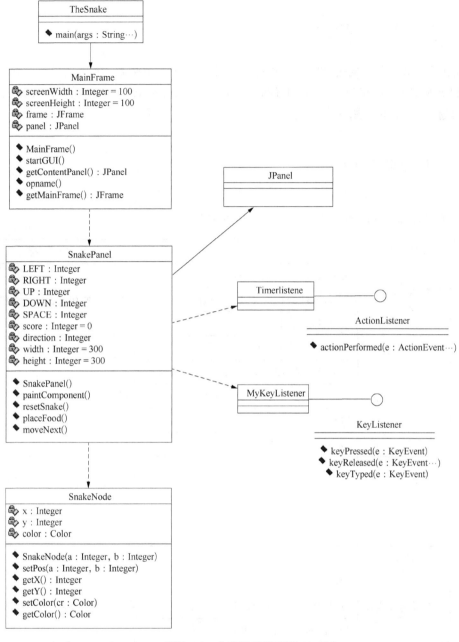

图 8-1 贪吃蛇类关系图

## 8.2.2 模块集成测试步骤

1. 测试 SnakeNode 模块与 SnakePanel 的接口
2. 测试 MainFrame 模块与 SnakePanel 的接口
3. 测试 SnakePanel 模块的功能

### 8.2.3 模块集成测试技术

本测试使用灰盒测试法,即白盒测试法与黑盒测试法相结合,在测试模块 SnakeNode 与模块 SnakePanel 的接口,以及模块 MainFrame 与模块 SnakePanel 的接口时使用白盒法,而在测试模块功能时使用灰盒测试法。

## 8.3 设计测试用例

### 1. 测试 SnakeNode 模块与 SnakePanel 的接口

| 编　号 | 用例类型 | 接口名 | 测试目标 |
|---|---|---|---|
| 1 | 初始化贪吃蛇与食物 | SnakePanel. SnakePanel() | 设置蛇的初始长度与食物位置 |
| | | SnakeNode. SnakeNode(int a,int b) | |
| | | SnakePanel. placeFood() | |
| 2 | 移动蛇的位置 | SnakePanel. moveNext() | 使用方向键控制蛇的运动方向 |
| | | SnakePanel. paintComponent(Graphics g) | |
| | | SnakeNode. setPos(int a,int b) | |
| | | SnakeNode. getX() | |
| | | SnakeNode. getY() | |
| 3 | 复位蛇 | SnakePanel. resetSnake() | 使蛇回到初始位置与长度 |
| | | SnakeNode. SnakeNode(int a,int b) | |

### 2. 测试 MainFrame 模块与 SnakePanel 的接口

| 编　号 | 用例类型 | 接口名 | 测试目标 |
|---|---|---|---|
| 4 | 初始化游戏窗体 | MainFrame. MainFrame() | 绘制游戏初始界面 |
| | | SnakePanel. SnakePanel() | |
| | | MainFrame. startGUI() | |

### 3. 测试 SnakePanel 模块的功能

| 编　号 | 用例类型 | 测试目标 |
|---|---|---|
| 5 | 方向键控制功能 | 使用方向键控制蛇的运动方向,分别为上下左右 |
| 6 | 蛇的运动规则 | 1. 控制蛇分别对上、下、左、右墙壁进行碰撞,检查蛇是否能够复位<br>2. 控制蛇碰撞自己,检查蛇是否能够复位 |
| 7 | 蛇吃食物 | 蛇每次吃到食物后,身长增加一 |
| 8 | 游戏计分 | 蛇每次吃到食物后,积分加一 |

在设计本项目集成测试用例时,须参考以上用例类型,以及使用规范测试用例模板,每个用例类型可以对应一个或多个测试用例。

## 8.4 执行测试

### 8.4.1 环境配置及工具

#### 1. 硬件环境

| 型　号 | CPU | 内　存 | 用　途 |
|---|---|---|---|
| Dell OptiPlex 3020 MT | Intel 酷睿 i5 | 4.00GB | 运行主机 |

#### 2. 软件环境

| 名　称 | 版　本 |
|---|---|
| 操作系统 | Windows 7 |
| 中间件 | JDK 1.6 |

#### 3. 测试工具

| 名　称 | 版　本 |
|---|---|
| 任务跟踪工具 | JIRA v5.2 |
| 缺陷管理工具 | Mantis BT v1.2.15 |
| 功能测试执行工具 | MyEclipse Professional 2014 |

### 8.4.2 执行测试

测试组成员依据《集成测试计划》和选用的集成测试用例,执行集成测试。测试发现的问题纳入缺陷管理,参见《缺陷管理规程》。

## 8.5 缺陷管理

缺陷管理的最终目标是最大限度地减少缺陷的出现率,从而提高软件产品的质量。缺陷管理可以划分为以下几个阶段。

（1）从缺陷发生到结束的全生命周期进行跟踪管理。尽可能发现所有的缺陷,确保每个被发现的缺陷都能够被解决。

（2）收集缺陷数据并根据缺陷趋势图识别测试过程的阶段。可以通过缺陷趋势图来确定测试过程是否结束。

（3）在已收集到的缺陷数据的基础上进行统计分析。总结缺陷出现的原因、类型和规律，采取相应措施避免该类型缺陷再次出现，并在开发过程的早期阶段予以确定，起到缺陷预防的作用，并作为组织的过程财富。

项目组必须严格遵循缺陷管理，要求保证在较短的时间内高效率地解决所有缺陷，缩短软件开发测试进程，提高软件质量，减少开发和维护成本。

### 8.5.1 缺陷管理流程

对于缺陷管理，从发现缺陷到最终解决或关闭缺陷的流程图如图 8-2 所示。

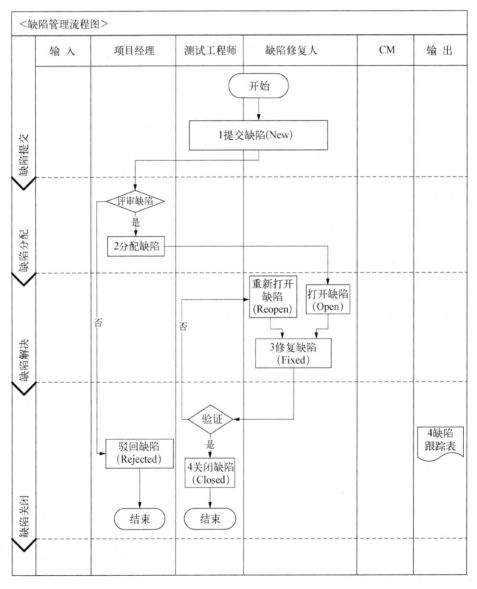

**图 8-2 缺陷管理流程图**

### 8.5.2 缺陷管理主要步骤

**1. 定义缺陷**

缺陷是对软件产品预期属性的偏离现象,它包括检测缺陷和残留缺陷。每一个软件组织都知道必须妥善处理软件中的缺陷。这是关系到软件组织生存、发展的质量根本。

**2. 确定缺陷属性**

(1) 缺陷标识:缺陷标识是标记某个缺陷的一组符号。每个缺陷必须有一个唯一的标识。

(2) 缺陷类型:缺陷类型是根据缺陷的自然属性划分的缺陷种类。

(3) 缺陷严重程度:缺陷严重程度是指因缺陷引起的故障对软件产品的影响程度。

(4) 缺陷优先级:缺陷的优先级指缺陷必须被修复的紧急程度。

(5) 缺陷状态:缺陷状态指缺陷通过一个跟踪修复过程的进展情况。

(6) 缺陷发现的阶段:指缺陷引起的故障或事件第一次被检测到的阶段。

(7) 缺陷引入的阶段:指引入缺陷的阶段。

**3. 确定缺陷类型**

(1) 功能:影响了重要的特性、用户界面、产品接口、硬件结构接口和全局数据结构。并且设计文档需要正式的变更。如逻辑,指针,循环,递归,功能等缺陷。

(2) 逻辑:需要修改少量代码,如初始化或控制块。如声明、重复命名、范围、限定等缺陷。

(3) 接口:与其他组件、模块或设备驱动程序、调用参数、控制块或参数列表相互影响的缺陷。

(4) 标准:编码/文档的标准问题,例如缩进、对齐方式、布局、组件应用、编码和拼写错误等。

(5) 性能:处理速度慢、因文件的大小而导致系统崩溃等。

(6) 语法:不符合所用程序设计语言的语法规则。

(7) 设计缺陷:设计错误、设计不符合用户习惯等。

**4. 判定缺陷严重程度**

(1) 致命缺陷:数据丢失,数据计算错误、数据传递错误、对数据库造成破坏,造成操作系统或其他支撑系统崩溃、非正常关闭和非正常死机,不能执行正常工作功能或重要功能。或者危及人身安全。

(2) 严重缺陷:应用系统崩溃、非正常关闭和无响应,但没有造成数据丢失。系统的主要功能不能正确实现或不完整,严重地影响系统要求或基本功能的实现,且没有办法更正(重新安装或重新启动该软件不属于更正办法)。

(3) 一般缺陷:规定的非主要功能没有实现或不完整、影响系统的运行,设计不合理造

成性能低下,比较严重地影响系统要求或基本功能的实现,但存在合理的更正办法。(重新安装或重新启动该软件不属于更正办法)

(4) 轻微缺陷:使操作者不方便或遇到麻烦,但它不影响执行工作功能或重要功能。

(5) 建议(非缺陷)从用户角度考虑在软件设计和功能实现等不完全合理之处提出建议。

5. 定义缺陷优先级

(1) 立即解决:立即解决是指缺陷导致系统几乎不能使用或者测试不能继续,需立即修复。

(2) 高优先级:高优先级是指缺陷严重影响测试,需要优先考虑。

(3) 正常排队:正常排队是指缺陷需要正常排队等待修复。

(4) 低优先级:低优先级是指缺陷可以在开发人员有时间的时候再被纠正。

通常,严重程度高的软件缺陷具有较高的优先级,但是严重程度和优先级并不总是一一对应。有时候严重程度高的软件缺陷,优先级不一定高,甚至不需要处理,而一些严重程度低的缺陷却需要及时处理,反而具有较高的优先级。例如,公司名字和软件产品徽标是重要的,一旦它们被误用了,这种缺陷是用户界面的产品缺陷,并不影响用户使用。但是它影响公司形象和产品形象,因此这也是优先级高的软件缺陷。

6. 标记缺陷状态

(1) New:已提交的缺陷。

(2) Open:确认"提交的缺陷",等待处理。

(3) Rejected:不予解决,不需要修复或不是缺陷。

(4) Fixed:缺陷被修复。

(5) Reopen:缺陷未通过验证。

(6) Closed:确认被修复的缺陷,将其关闭。

(7) Tostory:转为需求。

7. 缺陷发现的阶段划分

(1) 需求阶段:在需求阶段发现的缺陷。

(2) 设计阶段:在设计阶段发现的缺陷。

(3) 编码阶段:在编码阶段发现的缺陷。

(4) 集成测试阶段:在集成测试阶段发现的缺陷。

(5) 系统测试阶段:在系统测试阶段发现的缺陷。

(6) 验收测试阶段:在验收测试阶段发现的缺陷。

(7) 维护阶段:在维护阶段发现的缺陷。

8. 缺陷引入的阶段判定

(1) 需求阶段:需求阶段引起的缺陷。

(2) 设计阶段:设计阶段引起的缺陷。

（3）编码阶段：编码阶段引起的缺陷。

## 9. 缺陷的提交

发现的缺陷均提交给项目内指定人员，缺陷的状态为 New，由指定人员进行评审、分配。提交缺陷必须填写：缺陷的描述、优先级、严重性、缺陷的状态、解决人、发现缺陷的阶段，缺陷引入的阶段等信息。这些信息由提交缺陷的人负责填写。测试人员登录 bug 追踪系统，将缺陷的信息录入，然后提交给项目经理审核。

## 10. 缺陷的分配

项目组内对缺陷评审，决定缺陷计划解决的版本、时间和负责人员。

分配缺陷后的状态可能为 Open & Rejected，缺陷分配必须修改：缺陷的状态、解决人、计划关闭的版本和评审信息。这些信息由缺陷的解决人（一般是项目经理、开发经理或者是模块负责人）负责填写。项目经理登录 bug 追踪系统，接到测试人员提交的缺陷信息，对缺陷进行评审，如果评审缺陷通过，则该缺陷的状态变为 Open，项目经理将该缺陷分配给开发人员解决；如果评审缺陷不通过，则该缺陷的状态变为 Rejected，该缺陷不能作为缺陷进入缺陷管理流程。

## 11. 缺陷的解决

缺陷由指定的开发人员解决后，经过单元测试或代码走查，填写缺陷修改完成时间和缺陷处理结果描述。解决后的缺陷的状态为 Fixed。

解决缺陷必须修改：缺陷的状态、解决人、涉及的代码等信息。这些信息由解决缺陷的人负责填写。

开发人员登录 bug 追踪系统，修复该缺陷后，填写该缺陷的基本信息，缺陷状态变为 Fixed，提交给 CM 工程师。

## 12. 缺陷的关闭

经过验证后的缺陷由测试专员关闭，状态为 Closed，否则为 Reopen。

缺陷的验证必须修改：缺陷的状态、解决人、解决的版本等信息。这些信息由测试工程师负责填写。

缺陷验证后的关闭必须修改：缺陷的状态、实际关闭缺陷的版本、解决的版本等信息。这些信息由测试专员负责填写。

测试工程师登录 bug 追踪系统，对状态为 Fixed 的缺陷进行验证，通过验证，缺陷状态变为 Closed，否则状态变为 Reopen，提交给开发人员重新修复。

## 13. 遗留缺陷跟踪

（1）跟踪遗留缺陷：对于发布的产品，需要跟踪产品发布后的运行情况。对遗留的缺陷跟踪记录并分析其影响范围，直到遗留缺陷形成解决结果。

（2）产品发布后发现的缺陷：产品发布后的缺陷来源包括客户服务部门客户服务人员、咨询实施部项目实施工程师、客户、开发和测试人员。该类缺陷发现后需要提交给项目组，纳入缺陷管理,该类缺陷的发现阶段标识为"发布后",便于分析原因。

## 8.6 集成测试总结报告

### 8.6.1 缺陷报告

测试工程师将该阶段发现的缺陷进行统计分析,可以作为测试报告的一部分,包括:缺陷的数量、缺陷类型分类、缺陷分类百分比等。

通过缺陷的数据分析,总结缺陷出现的原因、类型和规律,采取相应措施避免该类型缺陷再次出现,提高产品质量。可以使用产品缺陷趋势图以及 O/C(Open/Close)图分析。测试人员在每个项目的每轮测试结束后,将缺陷分析结果写在《测试报告》中,提交项目经理审批。

### 8.6.2 集成测试报告

该报告的内容应包括:项目简介(即项目概况,项目背景等)、测试内容、测试环境、测试资源、测试的数据(bug 数、解决数、遗留数等)、模块 bug 分布、bug 走势图、缺陷遗留、需要说明的问题等。报告应对测试数据进行必要的分析并得出结论。报告的编写请参考附件 2。

# 第九章 系统测试实训

## 9.1 岗位场景

系统测试一般在单元测试和集成测试后进行,其主要目的是验证整机系统是否满足系统需求规格的定义。目前软件企业中,单元测试和集成测试主要是由软件设计人员(程序员)完成的,待整体项目联调提交后,就需要测试人员,依据项目需求,测试验证整机系统是否满足系统需求规格的定义。系统测试的目的在于通过与系统的需求定义相比较,发现软件系统与需求定义不符合或与之矛盾的地方。系统测试的启动文档是——SAD 和 SRS。

现有名为 DRWINGS 的绘图软件项目要求所开发软件实现矢量图形绘制与编辑功能,软件项目已进入实现阶段,各软件模块及其单元测试已完成,模块的集成也基本完成。

### 9.1.1 软件功能需求概述

根据软件需求说明书,软件的总体需求概述如下:

(1) 绘图功能:可以实现直线、矩形、椭圆、实心矩形、实心椭圆、星形图案、文字等绘制。

(2) 编辑功能:可以实现已绘制形状的选取与移动或删除功能。

(3) 保存与恢复功能:可以将图形保存为文件,或从文件中恢复图形。

(4) 剪贴板功能:可以将图形保存在剪贴板中或从剪贴板中拷贝图形到图形编辑区。

(5) 其他辅助功能:可以撤销本次操作或清除图形编辑区域,可以任意选择图形或背景颜色,实时显示鼠标坐标,显示网格。

(6) 用户友好的图形绘制与编辑的界面:在该界面中,有各种图形绘制按钮以及图形选择与编辑按钮,并包含一个标准菜单;有一个具有网格的图形编辑区及鼠标坐标显示区域,可以帮助定位图形。

### 9.1.2 系统用例描述

使用 UML 用例图可以直观地表达出系统的功能,如图 9-1 所示。

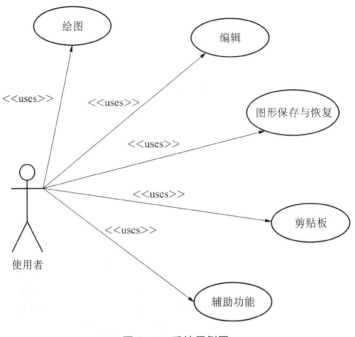

**图 9-1　系统用例图**

### 9.1.3　系统用户界面

如图 9-2 所示，用户界面分为 1——菜单栏、2——编辑工具栏、3——绘图工具条、4——绘图工作区、5——状态栏等几个部分。

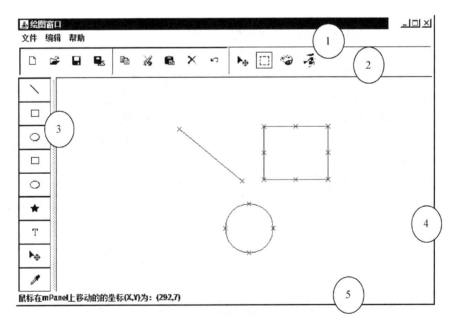

**图 9-2　系统用户界面**

用户界面说明：

（1）菜单栏：

文件→打开、保存、另存为、退出。

编辑→撤销、复制、粘贴、剪切、默认背景颜色、清除画面内容、选择外观，选择外观→Windows 外观、Java 外观。

帮助→关于。

（2）编辑工具栏：实现编辑功能的快捷方式。

（3）绘图工具条：实现直线、矩形、椭圆、实心矩形、实心椭圆、星形图案、文字等绘制功能，以及图形颜色的选取。

（4）绘图工作区：显示绘制的图形。

（5）状态栏：实时显示鼠标的坐标信息。

## 9.2　实训目标

学生需要重点掌握系统测试的一般工作流程，每个工作阶段的具体工作内容、职责分配和实施方法，掌握常见的各种系统测试方法及工具；能够编写系统测试计划，设计合理的测试用例，管理测试中发现的缺陷以及完成测试报告。

## 9.3　系统测试要点

系统测试是针对软件产品系统进行的测试，它是在产品处于系统测试阶段时加以实现的，其主要目的是验证整机系统是否满足系统需求规格的定义。从软件工程的角度看，实际也包含确认测试。

系统测试是将通过确认测试的软件，作为整个基于计算机系统的一个元素，与计算机硬件、外设、某些支持软件、数据和人员等其他系统元素结合在一起，在实际运行环境下，对计算机系统进行一系列的集成测试和确认测试。

系统测试的目的在于通过与系统的需求定义做比较，发现软件与系统定义不符合或与之矛盾的地方。系统测试的测试用例应根据需求分析说明书来设计，并在实际使用环境下运行。

由于软件只是计算机系统中的一个组成部分，软件开发完成以后，最终还要与系统中其他部分配套运行。系统在投入运行以前各部分需完成集成和确认测试，以保证各组成部分不仅能单独地受到检验，而且在系统各部分协调工作的环境下也能正常工作。这里所说的系统组成部分除去软件外，还可能包括计算机硬件及其相关的外围设备、数据及其收集和传输机构、掌握计算机系统运行的人员及其操作等，甚至还可能包括受计算控制的执行机构。显然，系统的确认测试已经完全超出了软件工作的范围。然而，软件在系统中毕竟占有相当重要的位置，软件的质量如何，软件的测试工作进行得是否扎实势必与能否顺利、成功地完成系统测试关系极大。另一方面，系统测试实际上是针对系统中各个组成部分进行的综合性检验。尽管每一个检验有着特定的目标，然而所有的检测工作都要验证系统中每个部分均已得到正确的集成,并能完成指定的功能。

系统测试与单元测试、集成测试的区别在于:

(1)测试方法不同。系统测试属于黑盒测试;而单元测试、集成测试属于白盒或灰盒测试的范畴。

(2)考察范围不同。单元测试主要测试模块内部的接口、数据结构、逻辑、异常处理等对象;集成测试主要测试模块之间的接口和异常;系统测试主要测试整个系统相对于用户的需求。

(3)评估基准不同。系统测试的评估基准是测试用例对需求规格的覆盖率;而单元测试和集成测试的评估主要是代码的覆盖率。

### 9.3.1 系统测试种类的选择

根据该绘图软件的特性,本项目系统测试可以选用以下几种测试。

1. 功能测试

功能测试是对软件系统的各功能进行验证,根据功能测试用例,逐项测试,检查该系统是否达到用户要求的功能。功能测试通常只需考虑需要测试的各个功能,不需要考虑整个软件的内部结构及代码,从软件产品的界面、架构出发,按照需求编写出来的测试用例。

2. 性能测试

性能测试检验安装在系统内的软件运行性能。这种测试常常与强度测试结合起来进行。为记录性能,需要在系统中安装必要的量测仪表或是为度量性能而设置的软件(或程序段)。

3. 强度测试

检验系统能力的最高实际限度。进行强度测试时,让系统的运行处于资源的异常数量、异常频率和异常批量的条件下。例如,如果正常的中断平均频率为每秒 1 到 2 次,强度测试设计为每秒 10 次中断。又如某系统正常运行可支持 10 个终端并行工作,强度测试则检验 15 个终端并行工作的情况。

4. 安全测试

安全测试的目的在于验证安装在系统内的保护机构能够对系统进行保护,使之不受各种因素的干扰。系统的安全测试要设置一些测试用例系统的安全保密措施,检验系统是否有安全保密的漏洞。

5. 恢复测试

恢复测试是指采取各种人工干预方式使软件出错,而不能正常工作,进而检验系统的恢复能力。如果系统本身能够自动地进行恢复,则应检验:重新初始化,检验点设置机构、数据恢复以及重新启动是否正确。如果这一恢复需要人为干预,则应考虑平均修复时间是否在限定的范围以内。

## 9.3.2 系统测试在整个软件过程中的位置

系统测试在整个软件过程中的位置如图 9-3 所示,其计划、设计等各项工作在软件项目的需求分析阶段即开始进行。

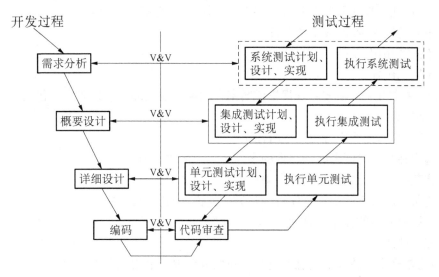

**图 9-3 系统测试在软件过程中的位置**

系统测试的对象是整个系统,不仅包括系统的软件,还要包含系统软件依赖的硬件、外设甚至包括接口。系统测试的依据是系统的需求规格说明书、各种规范。在现阶段,系统测试的依据还可包括各种设计说明书。系统测试的依据绝不是软件本身。

## 9.3.3 系统测试需求获取

系统测试需求所确定的是测试的内容,即测试的具体对象。系统测试需求主要来自需求工件集,它可能是一个需求规格说明书,或是由前景、用例、用例模型、词汇表、补充规约组成的一个集合。

在分析测试需求时,可应用以下几条一般规则:

● 测试需求必须是可观测、可测评的行为。如果不能观测或测评的测试需求,就无法对其进行评估,以确定需求是否已经满足。

● 在每个用例或系统的补充需求与测试需求之间不存在一对一的关系。用例通常具有多个测试需求,有些补充需求将派生一个或多个测试需求,而其他补充需求(如市场需求或包装需求)将不派生任何测试需求。

● 在需求规格说明书中每一个功能描述将派生一个或多个测试需求,性能描述、安全性描述等也将派生出一个或多个测试需求。

1. 功能性测试需求

功能性测试需求来自测试对象的功能性说明。每个用例至少会派生一个测试需求。对于每个用例事件流,测试需求的详细列表至少会包括一个测试需求。对于需求规格说明书中的功能描述,将至少派生一个测试需求。

**2. 性能测试需求**

性能测试需求来自测试对象的指定性能行为。性能通常被描述为对响应时间和资源使用率的某种评测。性能需要在各种条件下进行评测,这些条件包括:
- 不同的工作量和/或系统条件
- 不同的用例/功能
- 不同的配置

性能需求在补充规格或需求规格说明书中的性能描述部分中说明。对包括以下内容的语句要特别注意:
- 时间语句,如响应时间或定时情况
- 指出在规定时间内必须出现的事件数或用例数的语句
- 将某一项性能的行为与另一项性能的行为进行比较的语句
- 将某一配置下的应用程序行为与另一配置下的应用程序行为进行比较的语句
- 一段时间内的操作可靠性(平均故障时间或 MTTF)
- 配置或约束

应该为规格中反映以上信息的每个语句生成至少一个测试需求。

**3. 其他测试需求**

其他测试需求包括配置测试、安全性测试、容量测试、强度测试、故障恢复测试、负载测试等测试需求可以从非功能性需求中发现与其对应的描述。每一个描述信息可以生成至少一个测试需求。

### 9.3.4　系统测试策略

测试策略用于说明某项特定测试工作的一般方法和目标。系统测试策略主要针对系统测试需求确定测试类型及如何实施测试的方法和技术。

一个好的测试策略应该包括下列内容:
- 要实施的测试类型和测试的目标
- 采用的技术
- 用于评估测试结果和测试是否完成的标准
- 对测试策略所述的测试工作存在影响的特殊事项

**1. 系统测试类型和目标**

确定系统测试策略首先应清楚地说明所实施系统测试的类型和测试的目标。清楚地说明这些信息有助于尽量避免混淆和误解(尤其是由于有些类型测试看起来非常类似,如强度测试和容量测试)。测试目标应该表明执行测试的原因。

本系统测试的测试类型建议采用:

- 功能测试（functional testing）
- 性能测试（performance testing）
- 用户界面测试（GUI testing）

其中，功能测试、性能测试、用户界面测试等在该软件项目中应优先完成，而其他的测试类型则需要根据软件项目的具体要求进行裁剪。

**2. 采用的测试技术**

系统测试主要采用黑盒测试技术设计测试用例来确认软件满足需求规格说明书的要求。

### 9.3.5　系统测试的工作机制

项目组为每一个软件项目成立测试组，确定测试经理（通常由测试设计员担任）一名，测试设计员和测试员若干，见表9-1。

**表 9-1　测试组职责**

| 角　色 | 职　责 |
|---|---|
| 测试设计员 | 制定系统测试计划、设计系统测试、实施系统测试以及评估系统测试 |
| 测试员 | 执行系统测试 |

项目组需要提供系统测试需要的输入，建立测试环境，以及对测试工件进行配置管理，见表9-2。

**表 9-2　项目组职责**

| 角　色 | 职　责 |
|---|---|
| 系统分析员 | 生成需求工件集，管理需求。为测试设计员提供测试需求 |
| 配置管理员 | 对测试工件进行配置管理 |

## 9.4　系统测试作业指导

### 9.4.1　系统测试启动

一般在软件需求和系统设计文档完成之后，产品已完成需测试功能，并由项目经理与部门（高级）经理、测试组组长商量，确定此项目需要安排独立的测试人员加入。项目输入文档是产品需求和系统设计文档。

### 9.4.2　系统测试工作流程

**1. 制定系统测试计划**

系统测试计划的目的是对系统测试全过程的组织、资源、原则等进行描述和约束，并制定系统测试过程的各个阶段的 V&V(确认和验证)任务以及时间进度安排,并提出对各项任务的评估、风险分析和管理需求。

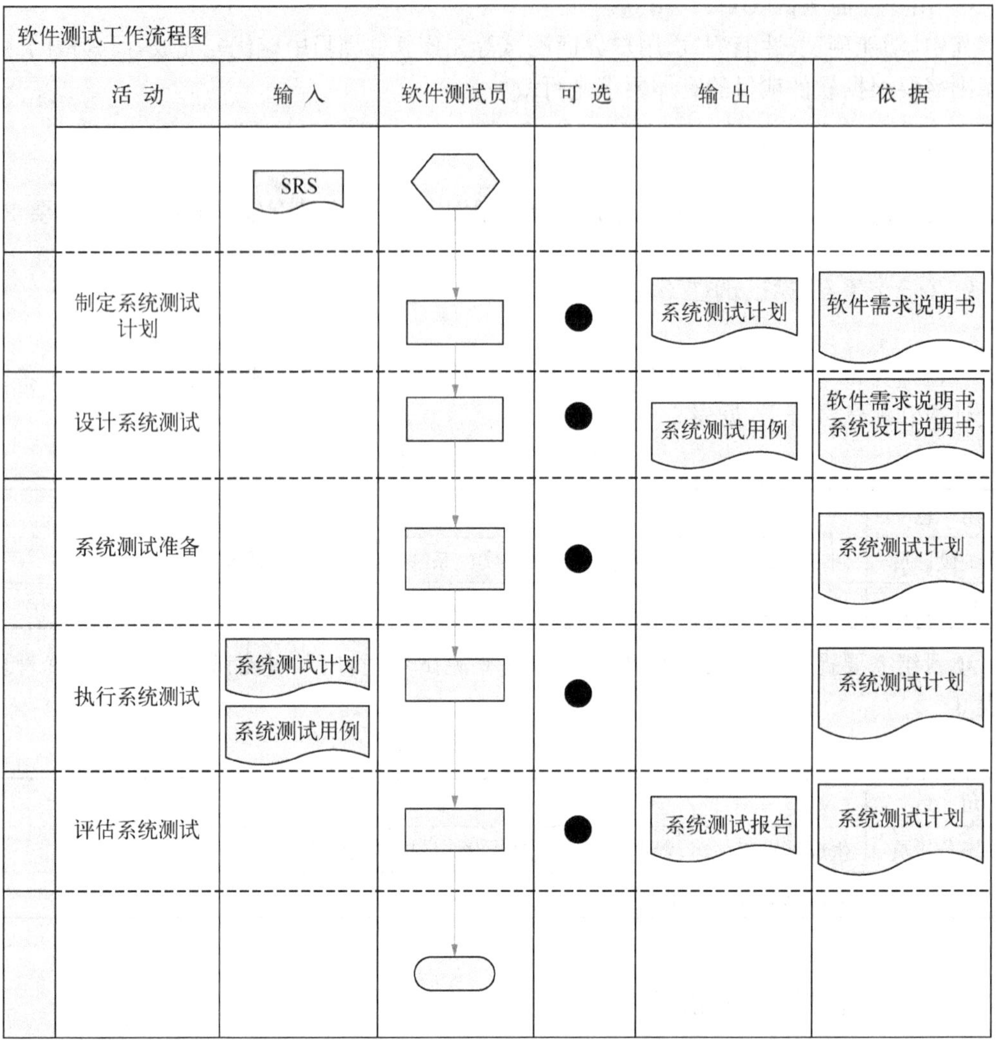

图 9-4　系统测试工作流程图

制定系统测试计划需要先完成软件项目计划的软件开发计划 SDP 和软件测试计划 SVVP(软件验证和确认计划)。根据《软件开发计划 SDP》《软件测试计划 SVVP》和《软件系统需求规格说明书》制定软件系统测试计划,产生《软件系统测试计划》。

《系统测试计划》的评审需要软件工程组各类成员的代表共同参与(限于篇幅在图 9-4 中没有表达出来,特在此说明),评审的具体形式可根据项目开发计划中的要求进行。对《系统测试进度计划》的评审形式一般为走查。

《系统测试计划》的编制请参考附件 3。

2. 设计系统测试原则

系统测试实现阶段的目的是根据系统测试计划,对测试用例、测试工具、测试代码加以具体的实现。

系统测试实现需要先完成软件系统测试计划。根据《软件系统需求规格说明书》《软件概要设计说明书》《软件详细设计说明书》和《软件系统测试方案》,更新软件系统测试方案,编写系统测试用例,制定软件系统预测试项,编写系统测试规程,设计、实现和验证系统测试工具,设计、实现和验证系统测试代码,构造系统测试环境,产生《软件系统测试用例》《软件系统测试规程》、软件系统测试代码及相关设计文档、软件系统测试工具及相关设计文档与使用说明、评审记录等。

在系统测试实现阶段,最重要和最主要的一项任务是系统测试用例的编写,其编写原则有:

- 系统测试用例应符合模板的要求;
- 覆盖需求规格的所有测试点;
- 测试用例的内容应该和系统测试方案一致;
- 测试用例应该考虑各种输入输出条件和各种边界值;
- 测试用例应该考虑性能、异常、压力、容限方面的内容。

系统测试用例的设计必须依据一定的方法,常用的方法有:

(1) 等价类划分

根据系统的输入域划分成若干部分,然后从每个部分中选取少数代表性数据当作测试用例,等价类是输入域的集合。

(2) 因果图

因果图实际上是考虑输入输出条件组合的测试方法,根据输入条件的组合、约束关系和输出条件的因果关系而导出测试用例的方法,因果图一般和判定表结合使用。

(3) 正交实验设计法

通过正交实验理论来指导测试用例的选取,以便能够用较少的测试用例使测试充分,本方法在系统测试用例的设计中不常用。

(4) 边值分析

根据输入输出等价类,选取稍高于边界值或稍低于边界值等特定情况为测试用例的方法,目前在我们系统测试中得到了普遍应用。

(5) 判定表分析法

一种针对存在条件、动作关系或看因果关系的特性测试的测试用例设计方法。

在编写系统测试用例的时候,需要考虑的测试角度有:

(1) 功能/顺从性测试。主要根据需求规格引导出软件功能,设计测试用例验证系统是否和需求规格及用户的需求一致。

(2) 安全性测试。验证系统的保护机制在非常条件下是否能起保护作用。

(3) 压力测试/性能测试。测试系统在一定压力下、长时间工作等稳定性指标,也包括系统在资源减少,如网络紧张、内存、CPU 紧张下的能力。

(4) 容限测试。主要测试系统在各种常规配置下所能处理各种功能的最大能力。

(5) 恢复测试。主要采取人工手段使软件出错或系统部件出错,使系统不能正常工作,检验系统的自我恢复和自我保护能力。

(6) 配置测试。主要测试系统在各种软硬件配置、不同的参数配置下系统具有的功能和性能。

（7）兼容性测试。主要考虑和老版本系统的兼容性。

（8）图形用户界面（GUI）测试。GUI 的测试是满足用户需求测试的最基本测试，主要有以下几个方面：

窗口测试：窗口能否改变大小、移动和滚动；窗口中的数据内容能否用鼠标、功能键、方向键和键盘访问；窗口是否正确地被关闭等。

下拉式菜单和鼠标操作测试：菜单条是否显示在合适的语境中；下拉式操作能否正确工作；菜单项是否有帮助，是否语境相关等。

数据项测试：字母数字数据项是否能够正确回显，并输入到系统中；是否能够识别非法数据；数据输入消息是否可理解等。

（9）Client/Server 测试。Client/Server 测试是产品的一项很重要的测试，主要考虑以下几个方面：

应用功能测试：客户端应用被独立地执行，能够正确地下发命令和回馈结果；

服务器测试：测试服务器的协调和数据管理功能，也考虑服务器性能，比如测试服务器所带的最大的客户端数量。

数据库测试：测试服务器存储的数据的精确性和完整性，检查客户端应用提交的事务，以保证数据被正确地存储、更新和检索。

事务测试：创建一系列的测试以保证每类事务按照需求处理。测试着重处理的正确性，也关注性能问题。

网络通信测试：测试前后台网络节点间的通信正常地发生，并且消息传递、事务和相关的网络交通无错地发生。

3. 系统测试用例设计

（1）本项目根据《软件系统需求规格说明书》及《软件概要设计说明书》，可归纳出功能性测试需求，见表 9－3。

表 9－3　功能性测试需求

| 功能项 | 序　号 | 子　项 | 描　　述 |
|---|---|---|---|
| 绘图功能 | 1 | 绘直线 | 在绘图工作区用鼠标拖动绘制线段其长度及颜色可调。 |
| | 2 | 绘矩形 | 在绘图工作区用鼠标拖动绘制矩形其长度、宽度及颜色可调。 |
| | 3 | 绘椭圆形 | 在绘图工作区用鼠标拖动绘制椭圆形,其长轴、短轴及颜色可调。 |
| | 4 | 绘实心矩形 | 在绘图工作区用鼠标拖动绘制矩形并填充其内部区域,其长度、宽度及颜色可调。 |
| | 5 | 绘实心椭圆 | 在绘图工作区用鼠标拖动绘制椭圆形并填充其内部区域,其长轴、短轴及颜色可调。 |
| | 6 | 绘星形图案 | 在绘图工作区用鼠标拖动绘制星形图案并填充其内部区域,其比例及颜色可调。 |
| | 7 | 文字输入 | 在绘图工作区用鼠标拖动出矩形区域,再输入文字到此区域。 |

续表

| 功能项 | 序 号 | 子 项 | 描 述 |
|---|---|---|---|
| 图形编辑功能 | 8 | 图形选择 | 1. 用鼠标点击所绘图形,可以择此图形,并做出区域标记。<br>2. 用鼠标拖动标出矩形区域,可以择此区域内的所有图形,并做出区域标记。 |
| | 9 | 图形编辑 | 对所选中的图形,可以改变其大小、位置、颜色等属性。 |
| | 10 | 图形删除 | 对所选中的图形,可以删除此图形。 |
| 图形保存与恢复功能 | 11 | 图形保存 | 将整个图形工作区内的图形保存至文件中。 |
| | 12 | 图形恢复 | 将文件中的图形恢复至图形工作区域。 |
| 剪贴板功能 | 13 | | 将所选图形保存至剪贴板中,或从剪贴板中将图形复制到绘图区域中。 |
| 辅助功能 | 14 | 网格显示 | 在绘图工作区绘制出网格,以帮助图形定位。 |
| | 15 | 鼠标坐标显示 | 实时显示当前鼠标的位置,以帮助图形的精确绘制。 |
| | 16 | 颜色拾取 | 可以随时选取任意颜色,作为图形或绘图区域背景的颜色。 |
| | 17 | 取消操作 | 可以随时取消当前的绘图或编辑操作,退回到最近一次的操作。 |
| | 18 | 清除所有 | 可以清除绘图工作区中的所有图形。 |

(2)性能测试需求,见表9-4。

表9-4 性能测试要求

| 性能项 | 序 号 | 子 项 | 描 述 |
|---|---|---|---|
| 绘图容量 | 1 | 绘制图形数量 | 在绘图工作区中的图形数量不限(仅受系统容量限制)。 |
| | 2 | 文字显示 | 在绘图工作区可输入任意系统文字及符号并可缩放大小。 |
| 图形编辑容量 | 3 | 图形选择范围 | 用鼠标拖动标出矩形区域,可以择此区域内的图形不少于100个,并做出区域标记。 |
| 图形保存与恢复能力 | 4 | 图形文件大小 | 将整个图形工作区内的图形保存至文件中,文件大小不限(仅受系统容量限制)。 |
| | 5 | 图形恢复 | 可恢复图形数量不限(仅受系统容量限制)。 |
| 稳定运行时间 | 6 | 平均无故障时间 | >48 小时 |
| 响应时间 | 7 | 绘图响应时间 | <0.1 秒 |

(3)用户界面测试需求,见表9-5。

表9-5 用户界面测试要求

| 操作项 | 序 号 | 子 项 | 描 述 |
|---|---|---|---|
| 菜单栏 | 1 | 文件 | 绘图文件打开、保存、另存为以及程序的退出。 |
| | 2 | 编辑 | 撤销、复制、粘贴、剪切、默认背景颜色、清除画面内容、选择外观。 |
| | 3 | 帮助 | 显示软件信息。 |

续表

| 操作项 | 序 号 | 子 项 | 描 述 |
|---|---|---|---|
| 编辑工具栏 | 4 | | 实现编辑功能的快捷方式,即撤销、复制、粘贴、剪切、默认背景颜色、清除画面内容、选择外观。 |
| 绘图工具条 | 5 | 直线 | 在绘图工作区用鼠标拖动绘制线段。 |
| | 6 | 矩形 | 在绘图工作区用鼠标拖动绘制矩形。 |
| | 7 | 椭圆 | 在绘图工作区用鼠标拖动绘制椭圆形。 |
| | 8 | 实心矩形 | 在绘图工作区用鼠标拖动绘制矩形并填充其内部区域。 |
| | 9 | 实心椭圆 | 在绘图工作区用鼠标拖动绘制椭圆形并填充其内部区域。 |
| | 10 | 文字 | 在绘图工作区用鼠标拖动出矩形区域,再输入文字。 |
| | 11 | 颜色拾取 | 选取任意颜色。 |
| 状态栏 | 12 | | 实时显示当前鼠标的位置。 |

(3)测试用例设计请参考本章内容及附件4。

**4. 系统测试准备**

本阶段主要完成系统测试中软/硬件环境的搭建。

**5. 系统测试执行**

系统测试执行阶段的目的是最终确认和验证系统是否满足需求规格。

系统测试执行阶段需要先完成集成测试。根据《软件系统测试方案》《软件系统测试用例》《软件系统测试规程》和《软件集成测试报告》,完成系统测试,达到系统测试计划中的测试通过准则要求,通过《软件系统测试报告》的评审。产生《软件系统预测试报告》及转系统测试评审表、《系统测试报告》及软件系统测试报告评审表、缺陷跟踪和解决记录报告。

系统测试执行阶段的活动有:

- 软件系统测试预测试、转系统测试评审;
- 执行系统测试、进行系统测试记录;
- 填写测试规程、撰写系统测试报告;
- 进行案例分析和总结、缺陷记录反馈和跟踪解决;
- 问题管理、评审系统测试报告;
- 系统测试文档及测试代码、测试工具基线化。

### 9.4.3 评估系统测试

本阶段将根据《系统测试计划》中的"测试完成准则"为依据,来评估《系统测试报告》是否通过。它一般根据测试结果的覆盖率、测试缺陷率分析等因素来分析。软件系统测试计划。

## 9.5　输出

1. 系统测试计划(参考附件 3)
2. 系统测试用例(参考附件 4)
3. 系统测试报告(参考附件 5)

附件 1　集成测试计划模板

# ×××项目集成测试计划

## 修订记录

| 日　期 | 版　本 | 修订说明 | 修订人 |
|---|---|---|---|
|  |  |  |  |
|  |  |  |  |
|  |  |  |  |
|  |  |  |  |

## 批准人签字

| 职　务 | 姓　名 | 日　期 |
|---|---|---|
| 测试人员 |  |  |
| 软件项目经理 |  |  |
| 测试质保部经理 |  |  |
|  |  |  |
|  |  |  |
|  |  |  |
|  |  |  |
|  |  |  |

# 目　录

# 1 简介

## 1.1 目的

描述集成测试计划的编写目的及本次集成测试的主要目的。如,编写目的:本文档用于描述×××开发项目集成测试所要遵循的规范以及确定测试方法、测试环境、测试用例的编写和测试整体进度的计划安排、人力资源安排等。测试目的:集成测试的目的是测试组成××系统的各子模块间的接口及功能实现等。

## 1.2 背景

描述项目或产品的背景。

## 1.3 范围

描述集成测试在项目的整体范围。如,需要集成的各功能模块的描述。

## 1.4 参考文档

描述本次集成测试所需要参考的文档。

# 2 测试约束

描述本次集成测试所要遵循的准则及条件约束等。

## 2.1 测试进出条件

### 2.1.1 进入条件

描述集成测试的测试依据和满足该阶段测试进入的条件和约束。

### 2.1.2 退出条件

描述满足该阶段测试退出的条件,要根据《项目量化管理计划》中的内容来制定退出条件,例如,致命和严重级别的缺陷清除率达到100%,致命和严重的缺陷修复率达到100%,一般缺陷的修复率达到99%并且遗留缺陷数小于5个;同时参考测试过程中的相关描述,并要求系统测试每轮发现的缺陷数量呈收敛趋势。

## 2.2　测试通过和失败准则

### 2.2.1　通过准则

描述集成测试每一轮测试通过的条件。如,每轮测试所有用例全部执行完毕,且没有出现致命性错误,回归测试或执行新增测试用例时不再出现问题,则测试工作通过。

### 2.2.2　失败准则

描述集成测试某轮次测试失败的条件。如,出现致命性错误,导致用例无法全部执行完成,回归测试多次出现新问题,变更版本使部分用例失效,则测试未通过。

## 2.3　测试启动/结束/暂停/再启动准则

### 2.3.1　测试启动准则

描述集成测试执行启动的约束准则。如,配置管理员提交给测试组每次 build 的正确版本及集成的模块清单;测试环境通过检验之后。

### 2.3.2　测试结束准则

描述集成测试执行结束的约束准则。如,测试案例全部执行完毕,测试结果证明系统符合需求,遗留的问题满足测试退出条件且在质量标准允许范围内,即可结束测试。

### 2.3.3　测试暂停/再启动准则

描述集成测试执行过程中出现的特殊情况的约束准则。如,被测模块出现某个致命性错误,测试案例无法继续执行,测试工作需暂停,如果非关联模块可以进行测试则执行非关联模块的测试。当这些问题得到解决后重新启动该模块的测试工作。

## 3　测试需求

根据系统集成构建计划,列举每次集成的新版本产生新的测试需求功能点,包括接口的测试需求。

| 需求 ID | 模 块 | 子模块 | 待测试功能需求点 | 优先级 |
|---|---|---|---|---|
| | | 子模块 1 | 功能点 1 | |
| | | | 功能点 2 | |
| | | | ...... | |
| | 模块一 | | 功能点 N | |
| | | 子模块 2 | | |
| | | ...... | | |
| | | 子模块 N | | |
| | | | | |
| | | | | |

## 4　测试风险

此处描述测试任务可能遇到的风险,以及规避的方法。

| 风险编号 | 风险描述 | 风险发生可能性（高、中、低） | 风险的影响程度（高、中、低） | 责任人 | 规避方法 |
|---|---|---|---|---|---|
| | | | | | |

## 5　集成策略

描述集成的方法、集成的顺序和集成的环境。详细的集成环境见《环境配置清单——集成环境》。集成顺序一般有深度优先、自下而上、自上而下等。

深度优先:即关键(主控路径上的)业务流程涉及的模块先集成到一起,然后再集成辅助业务模块。

自下而上:即已实现的较底层的功能优先集成,然后逐层上升,形成整个系统。

自上而下:即事先存在一个稳定的架构,不断地向下细化,最后实现所有具体的功能细节。

集成顺序的选择可以是不同集成顺序的综合。

集成计划:说明项目周期内计划执行的集成活动的时间安排。

| 集成次号 | 集成目标 | 被集成对象 | 计划集成时间 | 包含的接口 |
|---|---|---|---|---|
|  |  |  |  |  |
|  |  |  |  |  |
|  |  |  |  |  |

## 6 测试策略

测试策略提供了对以上测试对象实施测试的方法。"测试需求"中说明了将要测试哪些对象,而本节则要说明如何对这些测试对象进行测试。

对每一个工作版本将进行以下三种类型的测试:接口测试,测试接口调用;功能测试,测试工作版本应该实现的功能;回归测试,在新版本中执行以前集成版本的测试用例脚本。

### 6.1 策略描述

此处描述根据项目的具体特征所确定的集成测试的策略(如:测试可行性分析,测试技术方法确定,测试类型选择以及集成的方案环境描述等。

### 6.2 测试类型

此处描述集成测试选择的测试类型,一般建议有如下四种。

#### 6.2.1 功能测试

| 测试目标 | 确保已经集成的工作版本的正确性,能够实现该集成版本应该具有的功能的正确性以及完整性。 |
|---|---|
| 技术 | 重用为系统功能测试设计的部分测试用例,部分测试过程。<br>生成测试脚本,实现测试自动化。 |
| 完成标准 | 所计划的测试全部执行、对以前版本的接口完成了回归测试、所发现的高优先级缺陷和高等级的缺陷已完全解决。 |
| 需考虑的特殊事项 | 开发人员应该保证每个后续的集成版本的基本界面元素都未改变。<br>考虑测试脚本的重用性以及自动化测试。 |

测试方法描述:此处描述一个特定的测试类型在项目测试活动中如何具体地执行。

### 6.2.2 接口测试

| 测试目标 | 确保"测试需求"中对应的所有工作版本的内部单元组合到一起后能够按照设计的意图协作运行,接口的调用正确。 |
|---|---|
| 技术 | 重用为系统测试准备的测试用例、分析测试用例对接口的覆盖情况,对没有覆盖的接口设计足够的测试用例,以覆盖所有的调用接口。<br>为每个测试用例制定测试过程,生成测试脚本,以实现测试的自动化。 |
| 完成标准 | 所计划的测试全部执行、对以前版本的接口完成了回归测试、所发现的高优先级缺陷和高等级的缺陷已完全解决。 |
| 需考虑的特殊事项 | 开发人员应该保证每个后续的集成版本的基本界面元素都未改变。<br>考虑测试脚本的重用性以及自动化测试。 |

测试方法描述:此处描述一个特定的测试类型在项目测试活动中如何具体地执行。

### 6.2.3 容错测试

| 测试目标 | 验证异常错误流程能顺利执行,并有易懂的提示信息。 |
|---|---|
| 技术 | 包含在上述功能和接口的测试用例设计中。 |
| 完成标准 | 对每一个非法的操作显示相应的错误信息或警告信息。 |
| 需考虑的特殊事项 | |

测试方法描述:此处描述一个特定的测试类型在项目测试活动中如何具体地执行。

### 6.2.4 回归测试

| 测试目标 | 确保前一个集成的版本并未因为新版本的增量集成而带来缺陷。 |
|---|---|
| 技术 | 在新的集成版本中使用前一个集成版本的自动化测试脚本执行自动化测试。 |
| 完成标准 | 前一个集成版本的所用测试用例已全部执行、所发现的缺陷已全部解决。 |
| 需考虑的特殊事项 | 开发人员应该保证每个后续的集成版本的基本界面元素都未改变。<br>考虑测试脚本的重用性以及自动化测试。 |

测试方法描述:此处描述一个特定的测试类型在项目测试活动中如何具体地执行。

## 6.3 测试轮数

根据集成计划确定的集成次数,计划整个产品开发周期内集成测试的次数。

## 7　测试资源

### 7.1　人力需求

列出此项目的测试人员配备方面的需求。

| 角　色 | 人　员 | 具体职责 |
|---|---|---|
| 测试经理 | | 进行管理监督。<br>职责:提供技术指导;<br>　　获取适当的资源;<br>　　提供管理报告。 |
| 测试设计员 | | 确定测试用例、确定测试用例的优先级并实施测试用例。<br>职责:生成测试计划;<br>　　生成测试模型;<br>　　评估测试工作的有效性。 |
| 测试员 | | 执行测试。<br>职责:执行测试;<br>　　记录结果;<br>　　从错误中恢复;<br>　　记录变更请求。 |
| 测试系统<br>管理员 | | 确保测试环境和资产得到管理和维护。<br>职责:管理测试系统;<br>　　分配和管理角色对测试系统的访问权。 |
| 数据库管理员 | | 确保测试数据(数据库)环境和资产得到管理和维护。<br>职责:管理测试数据(数据库)。 |

### 7.2　测试环境

列出测试项目所需的系统资源。

| | 资　源 | 名称/类型 |
|---|---|---|
| 硬件和<br>网络环境 | 数据库服务器 | |
| | 网络或子网 | |
| | 服务器名称 | |
| | 数据库名称 | |

| 资 源 | | 名称/类型 |
|---|---|---|
| 硬件和网络环境 | 用户端测试 PC | |
| | 包括特殊的配置需求 | |
| | 测试数据存储库 | |
| | 网络或子网 | |
| | 服务器名称 | |
| | 测试开发 PC | |
| 软件环境 | DBMS | |
| | 中间件 | |
| | AppServer | |
| | 浏览器 | |
| | 其他 | |

## 7.3 测试工具

本次测试将使用的工具。

| 用 途 | 工 具 | 厂商/自产 | 版 本 |
|---|---|---|---|
| 测试管理 | | | |
| 测试执行 | | | |
| 缺陷报告 | | | |

## 8 测试进度

根据集成测试的轮次,分解测试工作,计算工作量($N$:人数,$M$:工作日)。每一轮次任务均包括上轮次的回归验证工作。

| 编 号 | 任 务 | 工作量(人·日) | 开始日期 | 结束日期 |
|---|---|---|---|---|
| | 制定测试计划 | | | |
| | 设计测试用例 | | | |
| | 执行测试(第一轮) | | | |
| | 执行测试(第二轮) | | | |
| | …… | | | |

| 编　号 | 任　务 | 工作量(人·日) | 开始日期 | 结束日期 |
|--------|--------|---------------|----------|----------|
|        | 执行测试(第 N 轮) |  |  |  |
|        | 最后一轮回归测试 |  |  |  |
|        | 对测试进行评估 |  |  |  |
| 合计工作量 |  |  |  |  |

## 9　交付物

描述集成测试需要交付的工作产品。

| 交付物名称 | 责任人 | 参与者 | 交付日期 |
|-----------|--------|--------|----------|
| 测试计划 |  |  |  |
| 测试用例 |  |  |  |
| 测试脚本 |  |  |  |
| 测试报告 |  |  |  |
| …… |  |  |  |

附件2　集成测试报告模板

# ×××项目集成测试报告

编号:××××××××××

版本号:1.0

**文档修订**

| 版　　本 | 日　　期 | 更改人 | 描述（注明修改的条款或页） |
|---|---|---|---|
|  |  |  |  |
|  |  |  |  |
|  |  |  |  |

**批准人签字**

| 职　　务 | 姓　　名 | 日　　期 |
|---|---|---|
| 测试人员 |  |  |
| 软件项目经理 |  |  |
| 测试质保部经理 |  |  |
|  |  |  |
|  |  |  |
|  |  |  |
|  |  |  |
|  |  |  |

# 目　录

## 1  编写目的

提示:编写者可以照抄下列语句,说明《软件测试报告》的编写目的,也可以适当修改。

编写本《软件测试报告》的目的在于以书面的形式对测试结果进行总结,给软件的评价提供依据。

## 2  术语、定义和缩略语

### 2.1  术语、定义

要求:逐项列出本文中用到的难以理解或可能引起混淆的术语及其定义。

### 2.2  缩略语

要求:逐项列出本文中用到的缩略语及其原文和汉语含义。

## 3  测试任务描述

要求:简要描述本次测试的测试模块,各测试模块包含的测试任务,包括测试任务的名称、测试任务的目的和内容。

## 4  测试环境

### 4.1  测试环境描述

#### 4.1.1  硬件环境描述

要求:描述实际测试中采用的硬件环境,主要指硬件设备的配置关系。如,采用了哪些硬件设备,各硬件之间是怎么搭配的。

#### 4.1.2  软件环境描述

要求:描述实际测试中采用的软件环境,如操作系统、嵌入式软件的版本、维护台版本和软件工具,以及各软件版本之间的配置关系。

## 4.2　测试环境比较

要求:指出测试环境与实际运行环境(如局方的运行环境)的差异,分析这些差异将给测试结果带来的影响。

## 5　故障描述

要求:根据《软件测试方案》中划分的模块,针对每个模块以表格的方式描述测试中出现的故障。以下的表格仅作为参考,其中表 x 指的是该模块中采用的功能测试方法的测试故障描述,表 y 采用走读等代码级测试方法的软件错误描述。

**表 x　故障一览表(对于功能性测试,若无功能性测试则此表不用)**

| ID 号 | 故障级别 | 故障描述 | 建　议 |
|---|---|---|---|
|  |  |  |  |
|  |  |  |  |

**表 y　错误一览表(对于代码级测试使用,若无代码级测试则此表不用)**

| ID 号 | | | |
|---|---|---|---|
| 错误级别 |  | 所在文件 |  |
| 所在函数 |  | 行　号 |  |
| 错误描述 |  |  |  |
| 修改建议 |  |  |  |
| 备　注 |  |  |  |

## 6　测试结果分析

### 6.1　模块测试结果分析

要求:根据《软件集成测试方案》中划分的模块,逐一针对每个模块,描述该模块中各测试项的测试结果,对存在的问题和故障进行分析。

## 6.2　总体测试结果分析

要求:根据该软件的有关设计文档,描述经过测试后,哪些功能已经实现,指出性能指标达到的程度,哪些功能没有实现或存在什么问题,并统计故障。

表 z　故障统计表

| 问题类别 | 1 级 | 2 级 | 3 级 | 4 级 | 建议类 | 总　计 |
|---|---|---|---|---|---|---|
| 故障个数 | | | | | | |

## 6.3　测试结论

要求:说明哪些项通过,评价被测软件完成设计目标的程度,根据《网络事业部研发测试管理细则》中的测试通过准则,给出是否通过测试的结论。

## 7　测试总结

要求:总结测试过程中的经验和教训,对系统设计、开发和测试提出合理性建议。

## 8　参考资料

列出相关参考资料,如本项目的《软件模块设计说明》《软件测试方案》,以及要用到的标准和规范等。

## 9　附录:测试现场记录

提示:测试现场记录主要指模块的功能性测试记录,表格形式仅作为参考。详细记录测试过程的每个输入和操作,以及输出结果和现象。

# ×××项目系统测试计划

版本号:1.0

**分发清单（按照人员姓名拼音字母序排列）**

| 人　员 | 岗　位 | 地　点 | 联系方式 |
| --- | --- | --- | --- |
| | | | |
| | | | |
| | | | |
| | | | |
| | | | |
| | | | |
| | | | |
| | | | |
| | | | |
| | | | |
| | | | |

**文档信息**

修订记录：

| 时　间 | 版　本 | 修订人 | 审核人 | 内　容 |
| --- | --- | --- | --- | --- |
| | | | | |
| | | | | |
| | | | | |
| | | | | |
| | | | | |
| | | | | |
| | | | | |

授权修改此文档的人员列表：

| 名　字 | 岗　位 | 地　点 |
| --- | --- | --- |
| | | |
| | | |
| | | |

撰写此文档所应用的软件及版本：

Microsoft Office 2013

Microsoft Office Visio 2013

# 目　录

## 1 测试范围与主要内容

提示:系统测试小组应当根据项目的特征确定测试范围与内容。一般地,系统测试的主要内容包括功能测试、健壮性测试、性能测试、用户界面测试、安全性(security)测试、安装与反安装测试等。

## 2 测试方法

提示:例如黑盒测试和白盒测试。

## 3 测试环境与测试辅助工具

| 测试环境 | |
|---|---|
| 测试辅助工具 | |

## 4 测试完成准则

提示:

对于非严格系统可以采用"基于测试用例"的准则:

(1)功能性测试用例通过率达到 $100\%$;(2)非功能性测试用例通过率达到 $95\%$。

对于严格系统,应当补充"基于缺陷密度"的准则:相邻 $n$ 个 CPU 小时内"测试期缺陷密度"全部低于某个值 $m$。例如 $n$ 大于 $10$,$m$ 小于等于 $1$。

## 5 人员与任务表

| 人 员 | 角 色 | 职责、任务 | 时 间 |
|---|---|---|---|
| | | | |
| | | | |
| | | | |

## 6 缺陷管理与改错计划

提示:根据所采用的缺陷管理工具确定(1)缺陷管理流程;(2)改错流程。

# 附件 4　系统测试用例表模板

×××项目测试用例表

| 用例标识 | | 模块名称 | | | |
|---|---|---|---|---|---|
| 开发人员 | | 版本号 | | | |
| 用例作者 | | 设计日期 | | 测试人员 | |
| 测试类型 | □功能□性能□边界□余量□可靠性□安全性□强度□人机界面□其他（　） | | | | |
| 用例描述 | 该用例执行的目的或方法 | | | | |
| 前置条件 | 即执行本用例必须要满足的条件 | | | | |
| 步骤 | 描述本次执行的过程 | | | | |
| 输入数据 | 本测试用例加载运行时需要输入的数据 | | | | |
| 预期结果 | 本测试用例执行预期输出的数据等 | | | | |
| 实际结果 | 实际执行输出的结果 | | | | |

附件5　系统测试报告模板

# ×××项目系统测试报告

编号:××××××××××

版本号:1.0

**文档修订**

| 版　本 | 日　期 | 更改人 | 描述（注明修改的条款或页） |
|---|---|---|---|
|  |  |  |  |
|  |  |  |  |
|  |  |  |  |

**批准人签字**

| 职　务 | 姓　名 | 日　期 |
|---|---|---|
| 测试人员 |  |  |
| 软件项目经理 |  |  |
| 测试质保部经理 |  |  |
|  |  |  |
|  |  |  |
|  |  |  |
|  |  |  |
|  |  |  |

# 目　录

# 1 引言

## 1.1 编写目的

说明这份测试分析报告的具体编写目的,指出预期的阅读范围。

## 1.2 背景

说明:
(1) 被测试软件系统的名称;
(2) 该软件的任务提出者、开发者、用户及安装此软件的计算中心,指出测试环境与实际运行环境之间可能存在的差异以及这些差异对测试结果的影响。

## 1.3 定义

列出本文件中用到的专业术语的定义和外文首字母组成的原词组。

## 1.4 参考资料

列出要用到的参考资料,如:
(1) 本项目的经核准的计划任务书或合同、上级机关的批文;
(2) 属于本项目的其他已发表的文件;
(3) 本文件中各处引用的文件、资料,包括所要用到的软件开发标准。列出这些文件的标题、文件编号、发表日期和出版单位,说明能够得到这些文件资料的来源。

# 2 测试概要

列出每一项测试的标识符及其测试内容,并指明实际进行的测试工作内容。

## 2.1 测试环境与配置

## 2.2 测试方法和工具

| 模块名称 | 测试类型 | 测试重点 | 测试工具 | 工具版本 |
|---|---|---|---|---|
|  |  |  |  |  |
|  |  |  |  |  |

## 2.3 测试组织及执行情况

| 系统名称 | 功能模块 | 开始时间 | 结束时间 | 总工时/总工作日 | 任 务 | 开始时间 | 结束时间 | 总 计 |
|---|---|---|---|---|---|---|---|---|
| | | | | | | | | |
| | | | | | | | | |
| | | | | | | | | |
| | | | | | | | | |
| 总计 | | | | | | | | |

## 3 测试结果和缺陷分析

## 3.1 覆盖分析

### 3.1.1 需求覆盖

| 编 号 | 需求/功能 | 测试类型 | 测试结果 | 备 注 |
|---|---|---|---|---|
| | | | | |
| | | | | |

### 3.1.2 测试用例覆盖

| 编 号 | 需求/功能 | 用例个数 | 执行总数 | 未执行数 | 未/漏测分析和原因 |
|---|---|---|---|---|---|
| | | | | | |
| | | | | | |

## 3.2　缺陷的统计和分析

### 3.2.1　缺陷汇总

（1）本次共测试了······

| 项　目 | 数　量 |
|---|---|
| 缺陷涉及模块 | |
| 未测出缺陷模块数 | |
| 未进行测试的模块 | |
| 总模块数 | |

（2）各模块内的缺陷数量

| 序　号 | 涉及模块 | 数量(个) |
|---|---|---|
| 1 | | |
| 2 | | |
| 3 | | |
| ······ | | |
| 合　计 | | |

（3）功能追加的影响分析

| 项　目 | 数　量 |
|---|---|
| 总缺陷数量 | |
| 需求变更数量 | |

### 3.2.2　按严重程度统计

| 序　号 | 缺陷严重等级 | 缺陷数量(个) |
|---|---|---|
| 1 | 严重 | |
| 2 | 高 | |
| 3 | 中 | |
| 4 | 低 | |
| ······ | ······ | |

### 3.2.3 按测试类型统计

| 序　号 | 测试类型 | 缺陷数量(个) |
|---|---|---|
| 1 | 界面测试 | |
| 2 | 易用性测试 | |
| 3 | 文档测试 | |
| 4 | 数据库测试 | |
| …… | …… | |

### 3.2.4 残留缺陷及遗留问题分析

| 序　号 | bug 编号 | 测试用例编号 | 备　注 |
|---|---|---|---|
| | | | |
| | | | |

# 4 对软件功能的结论

## 4.1 功能 1(标识符)

### 4.1.1 能力

简述该项功能,说明为满足此项功能而设计的软件能力以及经过一项或多项测试已证实的能力。

### 4.1.2 限制

说明测试数据值的范围(包括动态数据和静态数据),列出就这项功能而言,测试期间在该软件中查出的缺陷、局限性。

## 4.2 功能 2(标识符)

用类似本报告 4.1 的方式给出第 2 项及其后各项功能的测试结论。

## 5　分析摘要

### 5.1　能　力

陈述经测试证实了的本软件的能力。如果所进行的测试是为了验证一项或几项特定性能要求的实现,应提供这方面的测试结果与要求之间的比较,并确定测试环境与实际运行环境之间可能存在的差异对能力的测试所带来的影响。

### 5.2　缺陷和限制

陈述经测试证实的软件缺陷和限制,说明每项缺陷和限制对软件性能的影响,并说明全部测得的性能缺陷的累积影响和总影响。

### 5.3　建　议

对每项缺陷提出改进建议,如:
(1) 各项修改可采用的修改方法;
(2) 各项修改的紧迫程度;
(3) 各项修改预计的工作量;
(4) 各项修改的负责人。

### 5.4　评　价

说明该项软件的开发是否已达到预定目标,能否交付使用。

## 6　测试资源消耗

总结测试工作的资源消耗数据,如工作人员的水平级别数量、机时消耗等。

## 附件 6　贪吃蛇游戏源代码

1. TheSnake 类

```
public class TheSnake {
        public static void main(String[] args) {
                // TODO Auto - generated method stub
                MainFrame snake = new MainFrame();
                snake.startGUI();
        }
}
```

2. MainFrame 类

```
import java.awt. * ;
import javax.swing. * ;
public class MainFrame {
        public int screenWidth = 100;
        public int screenHeight = 100;
        private JFrame frame;
        private JPanel panel;
        public MainFrame()
        {
screenWidth = (int)Toolkit.getDefaultToolkit().getScreenSize().getWidth();
screenHeight = (int)Toolkit.getDefaultToolkit().getScreenSize().getHeight();
                JFrame.setDefaultLookAndFeelDecorated(true); //Java Window Style
                frame = new JFrame("MY Snake");
        frame.setDefaultCloseOperation(JFrame.EXIT_ON_CLOSE);
        frame.setLocation(screenWidth/2, screenHeight/2);
        panel = new SnakePanel();
        panel.setBackground(Color.WHITE);
        panel.setForeground(Color.BLACK);
        panel.setFocusable(true);
        frame.add(panel);
        }
        public void startGUI() {
        frame.setResizable(false);
```

```java
        frame.pack();
        frame.setVisible(true);
    }
    public JPanel getContentPanel()
    {
        return panel;
    }
    public JFrame getMainFrame()
    {
        return frame;
    }
}
```

3. SnakePanel 类

```java
import java.util.*;
import java.util.List;
import java.awt.*;
import java.awt.event.*;

import javax.swing.*;
import javax.swing.Timer;

public class SnakePanel extends JPanel {
    private static final long serialVersionUID = 1L;
    public static final int LEFT = 37;
    public static final int UP = 38;
    public static final int RIGHT = 39;
    public static final int DOWN = 40;
    public static final int SPACE = 32;
    public static int score = 0;

    private int direction = RIGHT;
    private int width = 300;
    private int height = 300;

    private List<SnakeNode> nodelist;
    private ListIterator<SnakeNode> ite;
    private SnakeNode node;
    private SnakeNode food;
```

```java
public SnakePanel(){
    setBorder(BorderFactory.createLineBorder(Color.black));
    setPreferredSize(new Dimension(width,height));
    nodelist = new ArrayList<SnakeNode>();
    for(int i = 0;i<3;i++){
    node = new SnakeNode(width/2 - i * 9,height/2);
    nodelist.add(node);
    }
    food = placeFood();
    addKeyListener(new MyKeyListener());
    Timerlistener timerlistener = new Timerlistener();
    Timer timer = new Timer(200, timerlistener);
timer.start();
    }
    public void paintComponent(Graphics g){
        SnakeNode anode;
        super.paintComponent(g);
        //Place a food randomly
        g.drawString("Score:" + score, 10, 20);
        g.fillRoundRect(food.getX() - 4, food.getY() - 4, 8, 8, 2, 2);
        moveNext();
        ite = nodelist.listIterator();
        anode = ite.next();
        //If the Snake can eat the food
        if(Math.abs(anode.getX() - food.getX())<6 &&
Math.abs(anode.getY() - food.getY())<6){
            nodelist.add(food);
            food = placeFood();
            score++;
        }
        //Redraw the Snake
        ite = nodelist.listIterator();
        while(ite.hasNext()){
            anode = ite.next();
            g.setColor(anode.getColor());
            g.fillRoundRect(anode.getX() - 4, anode.getY() - 4, 8, 8, 2, 2);
        }
    }
    public void resetSnake(){
```

```
nodelist.removeAll(nodelist);
for(int i = 0;i<3;i++){
node = new SnakeNode(width/2 - i * 9,height/2);
nodelist.add(node);
}
food = placeFood();
direction = SPACE;


}
public SnakeNode placeFood(){
    SnakeNode node = new SnakeNode((int)(Math.random() * (width -
5)) + 4,
(int)(Math.random() * (height - 5)) + 4);
    node.setColor(Color.DARK_GRAY);
    return node;
}


private void moveNext(){
    int x,y,tempx,tempy,hx,hy;
    if(direction == SPACE) return;
    ite = nodelist.listIterator();
    SnakeNode anode = ite.next();
    x = anode.getX();y = anode.getY();
    if(direction == LEFT)anode.setPos(x - 9, y);
    else if(direction == UP)anode.setPos(x, y - 9);
    else if(direction == RIGHT)anode.setPos(x + 9, y);
    else if(direction == DOWN)anode.setPos(x, y + 9);
    hx = anode.getX();hy = anode.getY();
//Whether the Snake touch the wall
    if(hx<4 ||hx>width - 4 ||hy<4 ||hy>height - 4){
        resetSnake();
        return;
    }
    //Calculate the next position of the Snake
    while(ite.hasNext()){
        anode = ite.next();
        tempx = anode.getX();tempy = anode.getY();
        anode.setPos(x, y);
        // Calculate if the Snake will bite itself
```

```
                    if(Math. abs(hx - x)< = 2 && Math. abs(hy - y)< = 2){
                            resetSnake();
                            return;
                    }
                    x = tempx; y = tempy;
            }
    }


    private class Timerlistener implements ActionListener{
            @Override
            public void actionPerformed(ActionEvent e) {
                    // TODO Auto - generated method stub
                    repaint();
            }
    }


    private class MyKeyListener implements KeyListener{
            @Override
            public void keyPressed(KeyEvent e) {
                    int tempdir = e. getKeyCode();
                    if(tempdir = = SPACE){direction = SPACE; return; }
                    if(tempdir ! = LEFT && tempdir ! = UP && tempdir ! = RIGHT &&
tempdir ! = DOWN) return;
                    if (direction - tempdir = = 2 || tempdir - direction = = 2)
return;
                    else direction = tempdir;
            }
            @Override
            public void keyReleased(KeyEvent e) {
                    // TODO Auto - generated method stub

            }
            @Override
            public void keyTyped(KeyEvent e) {
                    // TODO Auto - generated method stub
            }
    }
}
```

4. SnakeNode 类

```java
import java.awt.Color;
public class SnakeNode {
    private int x;
    private int y;
    private Color color;
    public SnakeNode(int a,int b)
    {
        x = a;y = b;color = Color.BLUE;
    }
    public void setPos(int a,int b)
    {
        x = a;y = b;
    }
    public int getX(){
        return x;
    }
    public int getY(){
        return y;
    }
    public void setColor(Color cr){
        color = cr;
    }
    public Color getColor(){
        return color;
    }
}
```

# 参考文献

［1］邓良松,刘海岩,陆丽娜. 软件工程［M］. 西安:西安电子科技大学出版社,2000.

［2］周晓聪,李文军,李师贤. 面向对象程序设计与 Java 语言［M］. 北京:机械工业出版社,2004.

［3］蔡敏,徐慧慧,黄炳强. UML 基础与 Rose 建模教程［M］. 北京:人民邮电出版社,2006.

［4］顾海花. 软件测试技术基础教程［M］. 北京:电子工业出版社,2011.

［5］陈能技,黄志国. 软件测试技术大全:测试基础 流行工具 项目实战(第 3 版)［M］. 北京:人民邮电出版社,2015.

［6］陈绍英,周志龙,金成姬. 大型 IT 系统性能入门经典［M］. 北京:电子工业出版社,2016.

［7］George,J 等. 面向对象系统分析与设计(第 2 版)［M］. 龚晓庆,张远军,陈峰等译. 北京:清华大学出版社,2008.

［8］Jeffrey R,Dana C. 可用性测试手册(第 2 版)［M］. 王超,邹烨译. 北京:人民邮电出版社,2017.